ADOLPHE JOANNE

GÉOGRAPHIE

DE LA

HAUTE-SAÔNE

14 gravures et une carte

HACHETTE ET CIE

GÉOGRAPHIE

DU DÉPARTEMENT

DE LA

HAUTE-SAÔNE

AVEC UNE CARTE COLORIÉE ET 14 GRAVURES

PAR

ADOLPHE JOANNE

AUTEUR DU DICTIONNAIRE GÉOGRAPHIQUE ET DE L'ITINÉRAIRE
GÉNÉRAL DE LA FRANCE

PARIS

LIBRAIRIE HACHETTE ET Cie

79, BOULEVARD SAINT-GERMAIN

1875

TABLE DES MATIÈRES

LISTE DES GRAVURES

PARIS. — IMP. SIMON RAÇON ET COMP., RUE D'ERFURTH, 1.

GÉOGRAPHIES DÉPARTEMENTALES

ÉLÉMENTAIRES

INTRODUCTION

L'étude géographique d'un département français doit, d'après les programmes officiels, commencer par l'étude de la commune où se trouve située l'école.

Chaque instituteur apprendra donc avant tout à ses élèves non-seulement ce qu'est une commune sous les rapports politique et administratif, mais quelles sont la situation, l'étendue, l'altitude ou élévation au-dessus du niveau de la mer, les divisions, les cultures, les industries, les transactions commerciales, les curiosités naturelles, archéologiques et artistiques de la commune dans laquelle il exerce ses fonctions.

Au point de vue politique et administratif, une **commune** est une fraction du territoire comprenant soit une ville, soit un ou plusieurs villages, hameaux ou écarts, et administrée par un maire, des adjoints et un conseil municipal.

Avant la fatale guerre de 1870, si imprudemment engagée et si malheureusement conduite, la France comptait 37,548 communes. Les traités de paix des 26 février et 10 mai 1871 et la convention additionnelle du 12 octobre suivant lui en ont fait perdre 1,689 ; il ne lui en resterait donc que 35,859, mais plus de 140 sections ayant été érigées en municipalités distinctes, le nombre total actuel (1874) dépasse 36,000.

Un certain nombre de communes réunies (en général 10) forment un **canton**, dont le chef-lieu, où ont lieu tous les ans les opérations du recrutement, possède une *justice de paix*.

Avant la guerre de 1870, la France comptait 2,941 cantons. Les traités ci-dessus mentionnés lui en ont fait perdre 97. Mais, comme

8 nouveaux cantons ont été créés, le nombre total est actuellement de 2,852 (2857 en y comprenant des fractions de cantons cédés).

Un certain nombre de cantons réunis (8 en moyenne) forment un **arrondissement** dont le chef-lieu est le siége d'une sous-préfecture, à l'exception de celui qui, comprenant le chef-lieu du département, est le siége de la préfecture, d'un conseil d'arrondissement et d'un *tribunal de première instance*, jugeant à la fois *civilement*, c'est-à-dire les procès entre citoyens dans les cas déterminés par la loi, et *correctionnellement* les individus prévenus de délits qui n'entraînent pas des peines afflictives ou infamantes.

Avant la guerre de 1870, la France comptait 373 arrondissements; elle en a perdu 14 : il ne lui en reste donc plus que 359 (362 y compris les arrondissements de Belfort, Saint-Dié et Briey, qui, bien que morcelés, ont conservé leur autonomie).

Un certain nombre d'arrondissements (3 ou 4 en moyenne) forment un **département** qui, administré par un préfet, un conseil général et un conseil de préfecture (tribunal administratif) est la résidence des chefs de services des administrations militaires, financières, postales, universitaires, des travaux publics, etc. Un certain nombre de chefs-lieux des départements sont en outre le siége d'archevêchés (17) et d'évêchés (67), de cours d'appel (26), et de cours d'assises et d'académies (16).

Avant la guerre de 1870, la France comptait 89 départements. Elle en a perdu 4 dont 1 seulement (le Bas-Rhin), cédé entièrement à la Prusse; il ne lui en reste donc que 85 (87 y compris le département de Meurthe-et-Moselle, formé des parties restées françaises des anciens départements de la Meurthe et de la Moselle, et le territoire de Belfort).

Le chef-lieu du département de la Seine, Paris, est en même temps le chef-lieu ou la capitale de la France.

Ces notions générales rappelées à ses élèves, l'instituteur qui, dans la première année « a dû se borner à quelques notions sur le pays où se trouve située son école, » expliquera, selon le programme officiel, ce que c'est qu'une carte, et ce que sont les points cardinaux; il expliquera ensuite sur la carte du département et sur celle de la France les principaux termes de la nomenclature géographique; enfin il étudiera le département en commençant par la commune, puis en passant de la commune au canton et du canton à l'arrondissement. Les éléments principaux de cette étude se trouvent réunis dans la Géographie ci-jointe, ainsi que le montre la table méthodique des matières :

Les détails géographiques, administratifs, archéologiques et statistiques qui n'ont pas trouvé place dans cette géographie abrégée et spéciale sont réunis dans le *Dictionnaire de la France* par Adolphe Joanne [1], dont toutes les bibliothèques communales devraient posséder un exemplaire.

Pour faciliter aux instituteurs l'étude préliminaire de la commune où il exerce ses fonctions, c'est-à-dire l'explication d'une carte, des points cardinaux et des principaux termes de la nomenclature géographique, nous reproduisons ici, d'après la *Géographie élémentaire des cinq parties du monde* publiée par M. Cortambert, une rose des vents, une boussole, la carte des environs d'un collége et une carte des principaux termes géographiques, avec les explications qui les accompagnent.

Le côté de l'horizon où le soleil semble se lever, ou plutôt où il se trouve à 6 heures du matin, s'appelle *est*, *levant* ou *orient*. — Celui où il semble se coucher (c'est-à-dire où il se trouve à 6 heures du soir) est *l'ouest*, *couchant* ou *occident*. — Le *sud* ou *midi*, appelé aussi point *austral* ou *méridional*, est dans la direction où nous voyons, en France, le Soleil à midi. — Le *nord* ou *septentrion*, nommé aussi point *boréal* ou *septentrional*, est à l'opposé, et se reconnaît par les groupes d'étoiles de la *Grande Ourse* et de la *Petite Ourse*, situés de ce côté. — Ce sont les quatre *points cardinaux*. On les désigne ordinairement par ces abréviations : N., S., E., O.

Il y a quatre *points collatéraux :* le *nord-est*, entre le nord et

[1] *Dictionnaire géographique, administratif, postal, statistique, archéologique, etc. de la France, de l'Algérie et des Colonies*, par Adolphe Joanne, 2ᵉ édition, entièrement revisée et considérablement augmentée. Un volume grand in-8 de 2700 pages à 2 colonnes, broché, 25 r.; cartonné, 28 fr. 25 c.; relié en demi-chagrin, 30 fr.

l'est ; — le *nord-ouest*, entre le nord et l'ouest ; — le *sud-est* entre le sud et l'est ; — le *sud-ouest*, entre le sud et l'ouest.

. Les points cardinaux et les points collatéraux forment ce qu'on appelle la *rose des vents*. ·

S'orienter, c'est retrouver les points cardinaux et collatéraux. Pendant le jour, il est facile de le faire au moyen du Soleil, qu'on voit à l'est à six heures du matin, au sud à midi, à l'ouest à six heures du soir, au sud-est à neuf heures du matin, au sud-ouest à trois heures du soir.

La nuit, on peut avoir recours à l'étoile Polaire, située au nord, dans la Petite Ourse.

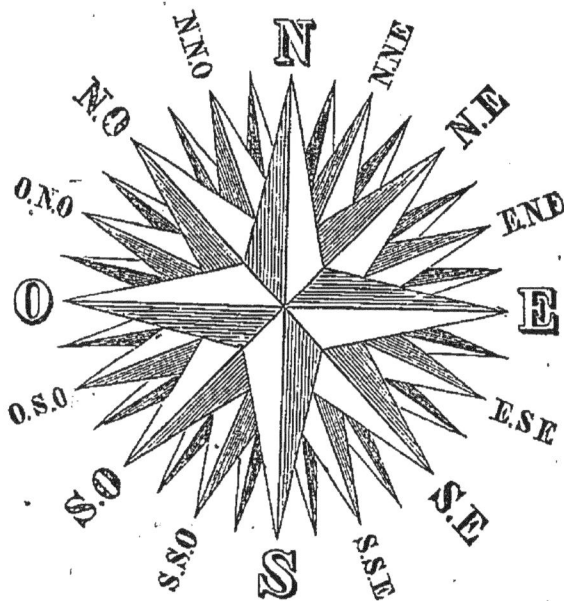

Rose des vents.

On se sert aussi de la *boussole*, petit instrument dont la pièce principale est une aiguille aimantée, suspendue sur un pivot, où elle tourne librement, car cette aiguille a la propriété de diriger l'une de ses pointes au nord et l'autre au sud.

Sur les dessins nommés *cartes*, qui représentent la Terre ou quelques-unes de ses parties, on a coutume de placer le nord en haut, le sud en bas, l'est à droite et l'ouest à gauche.

Il y a, sur la Terre, des terres et des eaux. Les plus grands espaces de terre sont les continents.

Les *îles* sont des terres moins grandes, entourées d'eau de tous côtés.

Plusieurs îles rapprochées les unes des autres forment un *groupe d'îles.* — Quand il y en a un très-grand nombre, cette réunion se nomme *archipel.*

Les *presqu'îles* ou *péninsules* sont des espaces de terres environnés d'eau *presque* de tous côtés.

Un *isthme* est un espace resserré entre deux masses d'eau.

Les *côtes* sont les bords des continents et des îles.

Les *caps*, les *pointes* et les *promontoires* sont les avancements des côtes.

Les *plaines* sont de grands espaces de terrain plat.

Un *champ* est un terrain ordinairement cultivé en céréales, en pommes de terre et en d'autres plantes propres à l'alimentation des hommes ou à leurs vêtements.

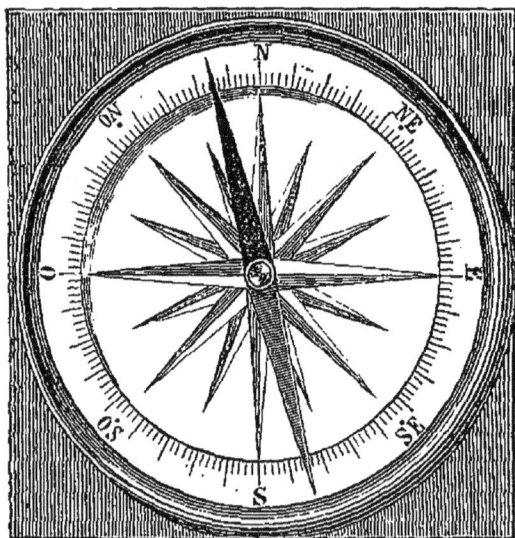

Boussole.

Un *pré* ou une *prairie naturelle* est un terrain couvert constamment d'herbes destinées à la nourriture des animaux.

Les *prairies artificielles* sont formées de plantes à fourrages qui n'occupent que momentanément des terrains où l'on cultive ensuite des céréales, des pommes de terre, etc.

Un *bois* est une assez grande réunion d'arbres.

Une *forêt* est une très-grande réunion d'arbres.

Les *déserts* et les *landes* sont des plaines arides. On appelle *oasis* les petits espaces fertiles qui s'y trouvent.

Les *monts* et les *montagnes* sont de grandes hauteurs ; les *collines*, les *monticules*, les *buttes* sont moins élevées. — On appelle souvent *côte* le penchant d'une hauteur et quelquefois la hauteur tout entière.—Les *dunes* sont les collines sablonneuses des bords de la mer.

Le *sommet* est le point le plus élevé d'une montagne ; le *pied* en est la partie la plus basse.

Une *chaîne de montagnes* est formée de plusieurs montagnes réunies les unes aux autres.

On nomme *plateaux* des territoires élevés et plats, souvent entourés ou couronnés de montagnes, et quelquefois formant le sommet de certaines montagnes.

Les penchants d'une montagne ou d'une chaîne de montagnes s'appellent *flancs, revers* ou *versants*. On appelle aussi *versant* tout un grand territoire incliné vers telle ou telle mer.

Un *défilé* ou *col* est un passage étroit entre deux sommets de montagnes ou entre une montagne et la mer.

Les *vallées* et les *vallons* sont des espaces profonds qui se trouvent entre deux montagnes ou entre deux chaînes de montagnes.

Les *glaciers* sont les amas de glace qui couvrent certaines parties des hautes montagnes.

Un *fleuve* est un grand cours d'eau qui va se jeter dans la mer. — Une *rivière* est un cours d'eau qui perd son nom en se joignant à un autre ; cependant, quand un cours d'eau qui se rend directement dans la mer n'est pas considérable, il s'appelle *rivière*.

Un *ruisseau* est un très-petit cours d'eau.

Les *torrents* sont des cours d'eau très-rapides et qui, ordinairement, n'existent qu'à certaines époques de l'année, aux moments des grandes pluies ou de la fonte des neiges.

La *rive droite* d'un cours d'eau, fleuve, rivière, ruisseau, torrent, etc., est celle que l'on a à sa droite en descendant le lit de ce cours d'eau ; la *rive gauche* est la rive opposée.

La *source* d'un cours d'eau est l'endroit où il commence ; son *embouchure*, celui où il se jette dans la mer. Plusieurs embouchures s'appellent aussi *bouches*. Le territoire compris entre la mer et les branches d'un fleuve se nomme *delta*.

On nomme *estuaires* les larges embouchures de certains fleuves.

L'endroit où deux cours d'eau se réunissent est un *confluent*.

Les *affluents* d'un cours d'eau sont les divers cours d'eau qu'il reçoit.

Les deux rives d'un cours d'eau s'appellent *rive droite* et *rive gauche*.

Le *bassin* d'un fleuve est le territoire arrosé par ce fleuve et par ses affluents, et entouré d'une ceinture de hauteurs appelée le partage des eaux ou *ligne de faîte*.

Une chute d'eau se nomme *cascade* ou *cataracte*.

Un *canal* est un grand fossé où l'on introduit de l'eau, principalement pour y faire circuler les bateaux.

Modèle d'une carte servant à expliquer les principaux termes géographiques.

Les *lagunes* sont des espèces de lacs placés près des côtes et
communiquant avec la mer. On les appelle souvent étangs;

Les *étangs* sont de petits lacs artificiels.

Les *lacs*, de grands amas d'eau placés au milieu des terres ;

Les *marais*, des amas d'eau peu profonds situés dans les terres;
Les *mares*, les plus petits amas d'eau.

Les *chemins de fer* et les *routes* composent, avec les canaux et les cours d'eau, les principales *voies de communication* à travers les terres.

La plus grande partie de l'eau répandue sur le globe terrestre forme ce qu'on appelle la *mer*. (La France est entourée par la mer de trois côtés.)

Les *océans* sont les plus grands espaces de mer.

Une *mer* est un espace moins grand qu'un *océan*.

Les *golfes*, les *baies*, les *anses* et les *rades* sont des avancements de mer qui pénètrent dans les terres.

Les *ports* ou *havres* sont des avancements plus petits, propres à servir d'asile aux vaisseaux.

Les *détroits* sont des espaces de mer resserrés entre deux parties de terre. On donne souvent aussi à un détroit le nom de *canal*, ou ceux de *passe*, de *passage*, de *raz*, de *pertuis*, de *chenal*, de *goulet*.

Des rochers placés au milieu de la mer et dangereux pour les navigateurs s'appellent *écueils*, *récifs*, *brisants*.

Les espaces sablonneux, qui se trouvent dans l'eau et qui sont également dangereux, pour la navigation, se nomment *bancs de sable*.

Avec ces notions préliminaires, les dessins et cartes qui les accompagnent, et les renseignements divers contenus dans la géographie ci-jointe, chaque instituteur pourra facilement, selon les prescriptions du programme officiel, « étudier le département en commençant par la commune, puis en passant de la commune au canton, et du canton à l'arrondissement. »

ADOLPHE JOANNE.

DÉPARTEMENT

DE LA

HAUTE-SAÔNE

I

Nom, formation, situation, limites, superficie.

Le département de la Haute-Saône doit son *nom* à sa situation sur le cours supérieur d'une grande rivière, la Saône : cependant cette rivière n'y prend pas sa source, mais elle est encore bien faible quand elle entre sur son territoire.

Il a été *formé*, en 1790, de la portion septentrionale de la **Franche-Comté**, l'une des provinces qui constituaient alors la France.

Il est *situé* dans la région nord-est de la France, et fort près de nos frontières : d'une part, le Territoire de Belfort le sépare seul de la province d'Alsace-Lorraine, qui appartient actuellement à l'Allemagne ; d'autre part, il n'est séparé de la Suisse que par ce même Territoire de Belfort ou par le département du Doubs. Quatre départements, la Haute-Marne, l'Aube, Seine-et-Marne, Seine-et-Oise, s'étendent entre ses limites occidentales et Paris, dont il est à 381 kilomètres (à l'E.-S.-E.) par le chemin de fer, et à 310 seulement en ligne droite. Il est traversé à peu près à mi-chemin de Vesoul à Lure, par le 4e degré de longitude E. du méridien de Paris ;

et tout à fait au nord, sur la frontière du département des Vosges, par le quarante-huitième degré de latitude septentrionale, qui, en France, passe également près des villes de Chaumont, d'Orléans, du Mans, de Rennes et de Quimper : il est donc un peu plus rapproché du Pôle que de l'Équateur, séparés, comme on le sait, par quatre-vingt-dix degrés ou par un quart de cercle.

Le département de la Haute-Saône est *borné* : au nord, par le département des Vosges; à l'est, par le Territoire de Belfort (ancien département du Haut-Rhin); au sud, par les départements du Doubs et du Jura ; à l'est, par ceux de la Côte-d'Or et de la Haute-Marne. Ses frontières sont naturelles ou artificielles, c'est-à-dire marquées par des obstacles naturels, tels que montagnes ou rivières, ou tracées à travers champs par des lignes conventionnelles. Ses plus longues limites naturelles sont : au nord-est, une chaîne assez élevée des Vosges qui le sépare du département des Vosges et du Territoire de Belfort sur environ 40 kilomètres, et au sud, le cours de l'Ognon, qui le sépare du département du Doubs, puis de celui du Jura, sur une centaine au moins de kilomètres (détours de la rivière compris), depuis Chassey-lès-Montbozon jusqu'au confluent de la Saône : toutefois, sur ce long trajet, il y a des portions de vallées où le lit de l'Ognon ne sert pas de limite entre le territoire de la Haute-Saône et les territoires limitrophes.

Sa *superficie* est de 533,992 hectares : sous ce rapport, c'est le 69ᵉ département ; en d'autres termes, 68 sont plus étendus. Sa plus grande *longueur* — du nord-est au sud-ouest, du Ballon de Servance (aux sources de l'Ognon) jusqu'au confluent de l'Ognon et de la Saône — est d'environ 115 kilomètres ; sa *largeur*, dans le sens opposé, varie entre 40 ou 45 kilomètres sous les méridiens de Gray et de Lure, et 75 ou 80 kilomètres un peu à l'ouest de Vesoul ; enfin le *pourtour* du territoire, qui ressemble un peu à un ovale irrégulier, est de 350 à 360 kilomètres, en ne tenant pas compte des sinuosités secondaires.

II

Physionomie générale.

Le département de la Haute-Saône, vu de haut, est un plateau sillonné de vallées : au sud-ouest, ce plateau est peu élevé au-dessus du niveau des mers, et c'est là que se trouve le point le plus bas de tout le territoire, le confluent de la Saône et de l'Ognon, situé à 186 mètres seulement d'altitude.

Mais que de ce confluent on marche vers le nord ou vers l'est, on voit le pays s'élever constamment, car c'est du nord et de l'est que viennent les rivières qui arrosent le département, sauf de rares cours d'eau qui partent du nord-ouest, comme l'Amance et le Salon. Toutefois cette pente est faible ; ainsi la ville de Lure, qui n'est pas très-éloignée de l'extrémité orientale du département, n'est guère qu'à cent et quelques mètres au-dessus du point de rencontre de la Saône et de l'Ognon, qui, nous venons de le dire, est le lieu le plus bas du territoire de la Haute-Saône, sur sa frontière occidentale.

Il est vrai qu'au delà de Lure, comme au delà de Luxeuil, le sol se relève très-rapidement, et que les collines deviennent des montagnes. On entre dans les **Vosges,** charmantes montagnes boisées qui renferment le point culminant du département.

Le **Ballon de Servance,** qui est le point le plus haut de tout le département, se dresse, vers les sources de l'Ognon, au N.-N.-E. de Champagney, au N.-E. de Melisey, à l'E. de Faucogney, à la limite de la Haute-Saône et du territoire des Vosges. Il s'appelle *ballon,* comme la plupart des cimes les plus importantes du massif vosgien, et ce mot signifie, dans la langue de ces montagnes, un sommet arrondi, par opposition à un sommet pointu ou pic et à un sommet plat ou table. Son altitude au-dessus des mers est de 1,189 mètres, c'est-à-dire environ quinze fois plus grande que la hauteur du clocher de Champlitte, le monument le plus élevé du département.

Toutefois, cette élévation considérable n'est même pas le quart de l'altitude du Mont-Blanc, montagne de la Haute-Savoie, qui a 4,810 mètres et qui est la cime la plus élevée non-seulement de la France, mais encore de l'Europe entière, non compris le Caucase, chaîne d'ailleurs aussi asiatique qu'européenne. Le point le plus bas de la Haute-Saône (le confluent de la Saône et de l'Ognon) n'étant qu'à 186 mètres au-dessus du niveau de l'Océan, la pente totale du département est de 1,189 mètres moins 186, autrement dit de 1,003 mètres. Il faudrait donc élever au point de rencontre de la Saône et de l'Ognon une tour de plus de mille mètres, c'est-à-dire douze fois et demie plus haute que le clocher de Champlitte, pour arriver au niveau de la cime du Ballon de Servance.

Le Ballon de Servance a dans son voisinage, au sud, quelques rivaux, d'autres ballons, tels que : la montagne de 1,156 mètres sur les pentes de laquelle naît le Rahin, tributaire de l'Ognon ; le Ballon de Saint-Antoine et la Planche des Belles-Filles (1,150 mètres), vers le nord-ouest, les cimes sont moins élevées.

Les Vosges l'emportent singulièrement sur le reste du département par la fraîcheur et la beauté de leurs sites, l'étendue et la vigueur de leurs forêts, le nombre et la rapidité de leurs rivières, mais elles n'en couvrent qu'une petite partie, le nord-est, et, s'abaissant rapidement, elles font bientôt place à un pays d'une nature différente ; à leurs grès, à leurs granits succèdent les plateaux calcaires jurassiques ravinés et fissurés auxquels appartient le reste du territoire.

Ces plateaux ne manquent pas de fertilité : ils se partagent entre les bois, les champs et les prairies : aux bois, — qui ne sont point aussi beaux que dans les Vosges, et qui se composent principalement de chênes, de hêtres, de trembles, de charmes, tandis que le sapin domine dans les Vosges, — aux bois, disons-nous, reviennent les deux cinquièmes du sol ; les cultures et les pâtures occupent le reste.

Ce que ces plateaux, très-riches en mines de fer exploitées

depuis longtemps, offrent de plus remarquable, c'est le nombre extraordinaire des fentes, des trous, des gouffres qui les criblent : aussi presque toutes les eaux filtrent-elles sous le sol ; la surface des plateaux est-elle généralement sèche, et y trouve-t-on peu ou pas de sources, peu ou pas de ruisseaux. Comme conséquence naturelle, les vallées abondent au contraire en fontaines, par lesquelles reparaissent les eaux perdues sur le plateau, et l'on y voit de fort jolis ruisseaux et de belles prairies. Sous ce rapport, le département de la Haute-Saône, grâce à la nature de ses roches, est l'un des plus curieux de la France entière, et l'un de ceux où l'on voit à la fois le plus de « pertes » de ruisseaux et le plus de sources abondantes.

L'altitude des plateaux de la Haute-Saône est généralement comprise entre 250 et 300 mètres : ils dominent donc de peu les vallées qui s'y sont creusées, et qui ont généralement une altitude de 200 à 250 mètres. Parmi ces vallées, il en est qui sont réellement belles, en même temps que fertiles : les deux plus remarquables à ce double point de vue — comme aussi les plus longues et les plus larges — sont celles de la Saône et de l'Ognon.

III

Cours d'eau.

Toutes les eaux du département sans exception appartiennent au bassin de la Saône, c'est-à-dire que directement ou indirectement elles gagnent toutes la Saône, grande rivière qui est le principal affluent de notre fleuve le plus abondant, le Rhône. Ainsi, le bassin de la Saône appartient lui-même au bassin du Rhône : c'est ce qu'on appelle un sous-bassin.

Le **Rhône** ne touche point le département de la Haute-Saône, il en passe même fort loin. Formé dans la Suisse par les glaces et les neiges éternelles des Alpes, il traverse le lac de Genève ou Léman, entre en France au-dessous de

Genève, passe à Lyon, où précisément il reçoit la Saône et tourne brusquement au sud, tandis que jusque-là il avait coulé (sauf de grands détours) vers le sud-ouest. De Lyon à la mer, il reçoit encore l'Isère, la Drôme, la torrentueuse Durance, beaucoup de rivières rapides et à très-fortes crues envoyées par les Alpes et par les Cévennes, et, après avoir baigné Avignon et Arles, il se jette dans la Méditerranée, à l'ouest de Marseille, par deux branches, le Grand Rhône et le Petit Rhône, qui enferment l'île marécageuse appelée Camargue. Ce fleuve considérable, le *troisième* de l'Europe pour la masse d'eau (après le Danube et le Volga), roule à l'étiage, c'est-à-dire quand il n'a pas plu depuis longtemps, 550 mètres cubes ou 550,000 litres d'eau par seconde ; son débit moyen ou *module* est de 2,603 ; son débit en très-grande crue, de 12,000 au moins.

La **Saône** est l'une des rivières les plus importantes de la France : son cours dépasse 450 kilomètres, et il serait de 620, si le Doubs, son grand affluent, était considéré comme la branche principale. Son bassin couvre plus de trois millions d'hectares, c'est-à-dire la dix-huitième portion du territoire de la France, tel qu'il était en 1870. Lorsqu'elle rencontre le Rhône, elle lui porte 4,000 mètres cubes par seconde en grande inondation, 250 en moyenne, 60 (et quelquefois moins encore) à la fin des grandes sécheresses.

La Saône a son origine dans le département des Vosges, dans une fontaine des monts Faucilles, à Vioménil, par 396 mètres d'altitude, au pied d'une colline de 472 mètres. Elle n'a guère parcouru, par un cours fort sinueux, qu'une cinquantaine de kilomètres, quand elle arrive sur le territoire de la Haute-Saône, près de Jonvelle, par 234 mètres d'altitude.

Son cours dans le département de la Haute-Saône est fort tortueux et généralement dirigé, d'abord vers le S.-S.-E., puis, au-dessous du confluent de la rivière de Vesoul, vers le S.-O. Il est d'environ 140 à 150 kilomètres, et dans ce trajet la Saône reçoit assez d'affluents importants pour sortir une grande rivière d'un pays où elle entre un grand ruisseau. Elle roule, en effet, à sa sortie de la Haute-Saône, une dizaine de mètres cubes par seconde à l'étiage, et probablement bien près d'une centaine en eaux moyennes, car son module est de 45 mètres cubes (son étiage de 5) à Mercey, avant d'avoir reçu le Salon, la Vingeanne et l'Ognon. Elle y baigne peu de villes importantes (et d'ailleurs le département est très-pauvre en grandes et en moyennes cités) : elle ne rencontre même que deux chefs-lieux de canton, Port-sur-Saône et Scey-sur-Saône, et un chef-lieu d'arrondissement, Gray. Elle y est flottable à partir du confluent du Côney, navigable à partir de Gray.

C'est au confluent de l'Ognon, par 186 mètres d'altitude, — sa pente dans le département est donc de 48 mètres — que la rivière abandonne définitivement la Haute-Saône, que depuis un certain nombre de kilomètres elle séparait déjà de la Côte-d'Or. Presque doublée par l'Ognon, elle arrose, en Côte-d'Or, la grande plaine bourguignonne que bornent au loin les collines de Vougeot, de Chambertin, de Nuits, de Beaune, de Pomard, de Volnay, justement célèbres dans le monde entier par l'excellence de leurs vins; puis elle entre en Saône-et-Loire, où elle rencontre le Doubs, rivière aux eaux bleues, de 430 kilomètres de cours, plus abondante que la Saône elle-même, et plus longue de 165 kilomètres. Après avoir baigné dans ce département Châlon et Mâcon, elle sépare l'Ain du Rhône, et, laissant à droite Villefranche, à gauche Trévoux, va se perdre à Lyon dans le Rhône, qui est beaucoup plus large et plus impétueux qu'elle. Et en effet le Rhône est renommé par la rapidité de son cours, la Saône par la lenteur de ses eaux : du confluent de l'Ognon à Lyon, dans un trajet de 275 kilomètres, l'inclinaison du sol n'est que de 24 mètres.

La Saône reçoit dans le département : le Côney, l'Amance ou Mance, l'Ougeotte, la Superbe, la Lanterne ou Lantenne, la Scyotte, le Durgeon, Drugeon ou Dregeon; la Romaine, la Gourgeonne, le Vannon, le Salon, la Morte, les Écoulottes, la Sousfroide, la Tenise, la Vingeanne, l'Ognon. Une autre rivière, la Lisaine, gagne aussi la Saône, mais indirectement, par l'Allaine et le Doubs.

Le *Côney* est le frère jumeau de la Saône : il naît comme elle dans les monts Faucilles et dans le département des Vosges, puis, comme elle, il se dirige vers le sud-ouest et passe dans la Haute-Saône, où il n'a guère que le tiers de son cours. C'est à Corre qu'il la rencontre, après un cours d'environ 60 kilomètres, un peu supérieur en longueur à celui de la Saône ; quant à la masse d'eau, on la dit à peu près égale dans les deux rivières. Le Côney coule dans une vallée boisée et fait mouvoir un certain nombre de forges ; il ne baigne aucune bourgade importante sur son trajet dans la Haute-Saône. C'est un affluent de gauche.

L'*Amance* est un affluent de droite dont le vrai nom paraît être la *Mance*. Cette petite rivière naît dans le département de la Haute-Marne, dans les collines du plateau de Langres. Arrivée dans le territoire de la Haute-Saône en même temps que le chemin de fer de Paris à Belfort, qui la suit jusqu'à son embouchure, elle y coule au sein d'une vallée de prairies fort peuplée, où elle passe près de Vitrey, chef-lieu de canton, et à Jussey, autre chef-lieu de canton. C'est tout près de cette dernière ville qu'elle gagne la Saône, après un cours de 50 kilomètres, partagé à peu près également entre le département où elle commence et le département où elle se perd. Elle reçoit la *Jacquenelle*, petite rivière très-courte, mais abondante, grâce à trois fortes sources : le trou de Jacquenelle, la fontaine du Chêne et la source de Blondefontaine.

L'*Ougeotte* ou la *Lougeotte*, affluent de droite, a 30 kilomètres de longueur. Elle n'arrose que des villages. Elle a son embouchure au-dessus de Montureux-lès-Baulay.

La *Superbe*, affluent de gauche, longue d'un peu moins de 50 kilomètres, baigne Amance, chef-lieu de canton. Elle atteint la Saône à une petite distance de Port-d'Atelier, gare importante où le chemin de fer d'Épinal s'embranche sur celui de Paris à Belfort.

La **Lanterne** ne s'appelle ainsi que depuis le commencement de ce siècle, par corruption du véritable nom qui a toujours été *Lantenne* (*Lantenna* dans les chartes du moyen-âge)

et que les cartes et documents officiels feraient bien de re-
mettre en honneur. De même, le village près duquel elle prend
sa source a pour nom réel la Lantenne, et non la Lanterne,
comme le portent les livres et les cartes ; d'ailleurs, le premier village qu'elle arrose ensuite s'appelle encore Lantenot et
non pas Lanternot. La Lanterne ou Lantenne, presque aussi
importante que la Saône au point de rencontre, est un tributaire de gauche grossi par de nombreux affluents envoyés par
les forêts des Vosges. Née au nord-ouest de Melisey, elle recueille d'abord de nombreux déversoirs d'étangs, puis elle
reçoit le Breuchin, plus long qu'elle de 15 kilomètres, la Roge
ou Beuchot, et, près de la bourgade qui précisément se
nomme Conflans, la Semouse, cours d'eau augmenté de l'Augrogne, de la Combeauté, du Planey, et qui, s'il n'est pas plus
abondant que la Lanterne elle-même, lui impose en tout cas
sa direction, et de l'est à l'ouest la porte au sud-ouest. Dès lors
la Lanterne ne recueille plus que des ruisseaux insignifiants ;
elle passe à Faverney, et se jette dans la Saône près du village
qui doit évidemment à cette jonction son nom de Conflandey.
Sa longueur est de 60 kilomètres, de 75 en prenant le Breuchin pour la branche mère. — Le *Breuchin*, long d'environ
45 kilomètres, a son origine et une partie de son cours dans
les montagnes des Vosges : issu d'un petit lac dominé par une
cime de 747 mètres d'altitude, il descend rapidement vers Faucogney, chef-lieu de canton, où il reçoit le *Beuletin* ou *Bulle-
tin*, torrent également formé dans les Vosges. Il pénètre ensuite dans la large vallée de Luxeuil, baigne par un de ses bras
cette ville de bains célèbre et porte à la Lanterne, à sept kilomètres de là, des eaux qui sont généralement fort claires. —
La *Roge* ne se nomme ainsi que dans son cours supérieur : en
aval des forges du Beuchot, qui, dit-on, fondirent les premiers
boulets de canon, elle s'appelle *Beuchot*. Sa longueur atteint à
peine 25 kilomètres. — La *Semouse* naît dans le département
des Vosges, sur les hauteurs qui rattachent les monts Faucilles
au massif vosgien : augmentée du tribut de plusieurs étangs,
elle met en mouvement des forges, puis, entrée dans la Haute-

Saône, elle y baigne Aillevillers et Saint-Loup-sur-Semouse, chef-lieu de canton. Son cours ne dépasse guère 40 kilomètres, mais il serait d'environ 50 si la Combeauté lui était préférée comme branche-mère. Ses trois tributaires notables sont l'Augrogne, la Combeauté, le Planey. L'*Augrogne* ou *Eaugrogne*, longue de 25 kilomètres, vient du département des Vosges, où elle coule dans le vallon de Plombières, ville de bains fameuse. La *Combeauté*, jolie petite rivière d'une quarantaine de kilomètres, sort également du département des Vosges, où elle commence dans des montagnes de 700 à 800 mètres d'altitude qui appartiennent au système vosgien : dans la Haute-Saône, elle passe près du bourg de Fougerolles (qui est la commune la plus vaste de tout le département) et elle a son embouchure à 2 kilomètres en aval de Saint-Loup. Quant au *Planey* ou *Plané*, il doit son origine à une des sources les plus abondantes du pays : c'est une espèce de gouffre d'environ 80 mètres de tour, d'où il sort avec un tel volume d'eau qu'il met aussitôt en mouvement un moulin à plusieurs meules et qu'il est capable de faire marcher d'importantes forges. Cette source est située à environ 4 kilomètres à l'ouest de Saint-Loup, à la base du coteau boisé de l'Aboncourt, dans une vallée dont la partie supérieure est arrosée par un assez fort ruisseau venu du département des Vosges, et qui porte le nom de *Durgeon* ou *Drugeon*.

La *Scyotte*, affluent de gauche, est un simple ruisseau qui a son embouchure à une toute petite distance en amont de celle du Durgeon.

Le *Durgeon*, *Drugeon* ou *Dregeon*, rivière importante surtout en ce qu'elle traverse le chef-lieu du département, est aussi un tributaire de gauche. Sa longueur n'atteint pas tout à fait 45 kilomètres, mais elle est de 50 kilomètres si l'on fait de la Colombine la branche-mère de la rivière de Vesoul. Le Durgeon sort de collines d'un peu plus de 300 mètres d'altitude, baignées, sur le revers opposé, par la Lanterne au-dessus du confluent du Breuchin ; il laisse à 2 kilomètres sur la gauche, Saulx, qui est un chef-lieu de canton, puis, augmenté du *Bâtard*, il débouche dans le bassin de Vesoul : là il s'augmente d'une façon notable par la jonction de la Colombine, plus longue que lui de 5 kilomètres. De Vesoul à son embouchure dans la Saône, à Chemilly, il reçoit encore la Baignotte. — La *Colombine* ou *Colombe* est peu considérable avant sa jonction, à 2 kilomètres et demi de Vesoul, avec le ruisseau de la *font de Champdamoy*, source d'un tel débit qu'elle fait mouvoir un moulin à cinq tournants. Quand le fameux *Frais Puits* vomit une rivière à la suite des grandes pluies (*V.* ci-dessous, chapitre V : Curiosités naturelles), c'est près de la font de Champdamoy qu'il verse ses eaux à la Colombine. — La *Baignotte* a pour origine la source, également considérable, du gouffre de Baignes.

La *Romaine*, affluent de gauche, est un fort ruisseau d'un peu plus de vingt-cinq kilomètres de développement, qui a pour tributaire la *Jouanne* et passe à Fresne-Saint-Mamès, chef-lieu de canton. Il rencontre la Saône dans la plaine de Vellexon.

La *Gourgeonne* commence, à Gourgeon, par une espèce de gouffre d'environ 200 mètres de tour, d'où sort un grand volume d'eau. Après un cours de 25 kilomètres, elle gagne la Saône, rive droite, un peu au-dessous de l'embouchure de la Romaine, un peu au-dessus de celle du Vannon. Sa vallée est assez peuplée, mais la Gourgeonne ne traverse que des villages.

Le *Vannon*, comme la Gourgeonne, est abondant dès sa source : celle-ci, à Fouvent, est un étang profond, ou si l'on veut un gouffre par lequel ressortent les eaux de la Rigotte et celles du ruisseau de Tornay (ces deux cours d'eau disparaissent sous terre à quelques kilomètres au nord-ouest de Fouvent, sur le territoire du département de la Haute-Marne). Le Vannon, tributaire de droite, ne baigne sur son parcours que des villages sans importance ; il a pour unique affluent le ruisseau de la *Bonde*.

Le *Salon*, qu'on appelle également *Saulon*, partage presque également son cours d'un peu plus de 60 kilomètres entre le département de la Haute-Marne, où il commence dans les collines du plateau de Langres, et celui de la Haute-Saône, où il baigne deux chefs-lieux de canton, Champlitte et Dampierre. C'est une petite rivière sinueuse qui court dans de jolies prairies, au sein d'une vallée peuplée. Le Salon ne reçoit, dans la Haute-Saône, que des ruisseaux parfaitement insignifiants, et, tout près de Champlitte, la source abondante de Jaleux, sortie d'un gouffre qui n'a guère que 15 mètres de tour, mais dont la profondeur atteint 25 mètres. Le Salon est un affluent de droite.

La *Morte* ou *Morthe*, affluent de gauche, a 35 kilomètres de cours ; elle a son embouchure dans les prairies de Gray ; un de ses bras, le *Dregeon*, traverse cette ville.

Le ruisseau des *Écoulottes* débouche dans la Saône, rive droite, en face même de Gray : il se perd au-dessus d'Auvet, puis reparaît par plusieurs fontaines.

La *Sousfroide*, tributaire de droite, baigne un chef-lieu de canton, Autrey.

La *Tenise* commence par la forte source de Cugney : cet affluent de gauche n'arrose que des villages.

La *Vingeanne*, affluent de droite, a plus de 80 kilomètres, mais nulle part elle n'appartient tout à fait au département ; elle ne fait que le border à deux reprises, sur un court espace, à l'ouest de Champlitte et à l'ouest d'Autrey : dans ces deux trajets, elle sépare le département de la Haute-Saône de celui de la Côte-d'Or.

L'**Ognon,** tributaire de gauche, la seconde rivière du département pour la longueur du cours, l'étendue du bassin, la masse des eaux, est une rivière des plus sinueuses, dont le développement approche de 200 kilomètres. Il commence dans les montagnes des Vosges, par une fontaine qui jaillit à 695 mètres d'altitude, au N. du Ballon de Servance. Courant d'abord au S.-S.-O., puis au S.-O., enfin et pour peu de temps au N.-O., il baigne Melisey, chef-lieu de canton, au-dessous duquel il disparaît (en été seulement), près de Froideterre, pour ne reparaître qu'à 4 ou 5 kilomètres plus bas. Il laisse Lure à une faible distance sur la droite, baigne la vallée de Villersexel, et devient frontière entre la Haute-Saône et le Doubs, puis entre la Haute-Saône et le Jura. De ce point à la Saône, il rencontre trois chefs-lieux de canton relevant du département : Montbozon, Marnay et Pesmes.

L'Ognon ne reçoit que deux cours d'eau ayant quelque importance, le Rahin et le Scey : tous les autres ruisseaux qu'il absorbe sont courts et d'un bassin peu étendu, mais généralement alimentés par de fortes sources. La *Reigne*, née de la grande source de Saint-Desle, passe près de Lure et recueille le tribut de la *font de Lure* : celle-ci est un gouffre très-profond, situé devant la sous-préfecture même de ce chef-lieu d'arrondissement ; ses eaux abondantes proviennent, dit-on, de celles que perd l'Ognon dans la vallée de Froideterre. — Le *Rahin*, long de 50 kilomètres, descend de la partie des Vosges que domine le Ballon d'Alsace : c'est un torrent capricieux, rapide, sujet aux brusques débordements ; il baigne un chef-lieu de canton, Champagney. — Le *Scey*, qui a son embouchure à Villersexel, après environ 30 kilomètres de cours, reçoit le *Rognon* : ni l'un ni l'autre de ces ruisseaux ne traversent de villes. — La *Linotte* passe à 4 ou 5 kilomètres à l'O. de Montbozon ; elle reçoit la *Laine*, curieuse par sa source, et la *Quenoche*, qui devient terrible quand les grandes pluies font sortir toute une rivière de la *font de Courbour* (*V.* Curiosités naturelles). — Le *Buthier* traverse Rioz, chef-lieu de canton. — La *Tounolle* se perd au-dessus de Boult et reparaît à une petite distance en aval. — La *Résie* tombe dans l'Ognon à Broye, à quelques kilomètres seulement au-dessus du confluent de la Saône.

La *Lisaine*, appelée aussi la *Lusine* ou *Luzine* (et quelquefois la *Luziane*) et la *Luzienne*, est, comme nous l'avons déjà dit, une petite rivière de la Haute-Saône qui gagne la Saône par un chemin très-détourné. Elle baigne Héricourt, chef-lieu de canton, puis, entrant dans le département du Doubs, va se jeter dans l'Allaine à Montbéliard, après 30 kilomètres de cours. L'Allaine se perd dans le Doubs, et le Doubs, qui baigne Besançon, gagne la Saône, qu'il surpasse en longueur de 165 kilomètres, au-dessus de Châlon.

I V

Climat.

Le climat des divers lieux habités de la Haute-Saône varie singulièrement suivant la région à laquelle ces lieux appartiennent. Le point le plus élevé du département atteignant 1,189 mètres, tandis que le plus bas n'est qu'à 186 mètres, les villes, les villages, les hameaux, sont situés à des altitudes très-diverses. Or, qui l'ignore, un endroit est d'autant plus froid qu'il est plus élevé au-dessus du niveau de la mer, et non-seulement plus froid, mais d'un climat plus inégal, plus sujet aux variations brusques.

C'est pour cette raison que, d'une part, les endroits les plus froids se trouvent dans le nord-est du département, dans la région des Vosges, sensiblement plus élevée que le reste du pays, et que, d'autre part, les endroits les plus chauds et les plus agréables à habiter se trouvent dans le sud-ouest, sur la basse Saône et le bas Ognon. Une autre raison de cette amélioration du climat dans le sens du nord-est au sud-ouest, c'est que la région vosgienne est formée de roches plus froides que la portion calcaire du département ; ses grès et ses granits, souvent recouverts de forêts, absorbent moins la chaleur du soleil, et, comme ils sont peu perméables, ils boivent peu les eaux superficielles, ce qui cause la fréquence des étangs et une plus grande humidité.

En somme, le département étant situé entre le 47e et le 48e degré de latitude, c'est-à-dire à presque égale distance du Pôle et de l'Équateur (un peu plus près toutefois du premier), il appartient à la zone dite tempérée, comme d'ailleurs la France entière. Plus spécialement, il est régi par le climat *rhodanien*, l'un des sept entre lesquels on a l'habitude de partager la France, et qu'on nomme : climat vosgien (à Langres, par exemple), climat séquanien (à Paris), climat armoricain ou breton (à Brest), climat girondin (à Bordeaux), climat mé-

diterranéen (à Toulon), climat auvergnat (au Puy-en-Velay),
enfin climat rhodanien : celui-ci est moins égal que les climats séquanien, breton, girondin et méditerranéen, moins
brusque et moins dur que le climat vosgien et que l'auvergnat.

Si toute l'eau tombée du ciel pendant l'année restait sur le
sol sans être absorbée par la terre ou pompée par le soleil,
on recueillerait dans les douze mois une nappe d'eau de 59 centimètres de profondeur à Vesoul et à Gray, de 80 centimètres à
Lure, et probablement d'un mètre, sinon plus, dans les hautes
vallées et sur les cimes des Vosges. La moyenne pour toute la
France est de 77 centimètres.

V

Curiosités naturelles.

La nature n'offre pas de scènes grandioses dans la Haute-Saône, car la mer et les hautes montagnes lui manquent, et
elle n'a ni beaux lacs ni hautes cascades. Mais certaines curiosités naturelles n'y sont pas rares.

Les gouffres qui absorbent les eaux et les grandes fontaines
qui les ramènent au jour y sont surtout en très-grand nombre.

Le *Frais-Puits*, justement fameux dans toute la France,
est situé à quelques kilomètres au sud-est de Vesoul, à 1,500
mètres du village de Quincey, tout près de la ligne de Besançon. Cet entonnoir de 60 mètres de tour, sur 16 à 17 mètres de profondeur, n'a pas une goutte d'eau en temps ordinaire ; mais, à la suite de grandes pluies, il se remplit avec
une impétuosité terrible : il peut vomir jusqu'à 80 ou 100 mètres cubes d'eau par seconde. Il inonde alors la plaine de Vesoul et accroît tellement le Durgeon que celui-ci, devenu
une forte rivière, fait déborder la Saône. Mais le cas est rare,
et le tribut du Frais-Puits est généralement fort au-dessous de
l'énorme débit de 100 mètres cubes par seconde. On doit considérer ce curieux entonnoir comme le déversoir accidentel

d'un bassin souterrain dont la *font de Champdamoy* est le déversoir constant.

La *font de Courboux*, moins célèbre que le Frais-Puits, lui ressemble beaucoup : d'un pourtour de 150 mètres, d'une profondeur de 10, elle forme en temps ordinaire un ruisseau très-insignifiant ; mais qu'il pleuve longtemps ou qu'un fort orage s'abatte sur le pays, elle verse toute une rivière qui couvre le vallon de la Quenoche, puis celui de la Linotte, et va enfler le cours de l'Ognon. La font de Courboux se trouve dans une commune du canton de Rioz, Pennesières-et-Courboux.

Ce sont là les deux sources occasionnelles les plus curieuses du département ; mais il en est beaucoup d'autres, parmi lesquelles nous citerons le *puits de Voillot* ou de *Voyo*, dans la commune de Varogne (bassin du Bâtard, au nord de Vesoul) ; le *trou de Vaugerard*, qui a 50 mètres de tour et 13 de profondeur, dans la commune de Châtenois (bassin de la Colombine, au nord-est de Vesoul) ; le *trou de Veuvey*, sur le territoire de Calmoutier (bassin de la Colombine, à l'est-nord-est de Vesoul) ; le *trou de la Roche*, dans le bassin du ruisseau d'Échenoz-la-Meline, qui débouche dans la vallée de Vesoul ; le *puits de Jacob*, à Cult, canton de Marnay, profond de 10 mètres, sur 40 mètres de tour ; la *fontaine d'Etuz*, dans le même canton de Marnay ; le *trou de Pouzelot*, à Hugier, également dans le canton de Marnay ; l'entonnoir de *Pré-Jean d'Achey*, près de Filain, canton de Montbozon, etc.

Quant aux sources proprement dites, on ne saurait citer toutes celles qui émettent un grand volume d'eau, tant elles sont nombreuses. Il faut se borner à mentionner les plus abondantes : la source du Planey, celle de Champdamoy, le gouffre de Gourgeon, la fontaine de Fouvent, celle de Jaleux, celle de Lure (*V.* le Planey, la Colombine, la Gourgeonne, le Vannon, le Salon, la Reigne, au chap. III intitulé : Cours d'eau).

Il y a quelques petites cascades dans la région des Vosges, mais elles ne sont ni hautes ni abondantes, et on ne les connaît guère hors des vallons où elles se précipitent. On pourrait citer celle du *Brigandoux*, formée par le Beulletin en amont de Faucogney.

VI

Histoire.

La loi du 26 février 1790 qui divisa la France en départements, forma la Haute-Saône de la partie septentrionale de la Franche-Comté.

Avant la conquête romaine, cette contrée était habitée par les Séquanais, peuple gaulois de la Celtique. Ce nom leur venait de la Seine, en latin *Sequana*, qui, avec le peuple des Éduens, bornait à l'ouest le pays des Séquanais. Les Séquanais étaient alliés aux Arvernes.

Ces derniers, disputant la prépondérance à la puissante confédération des Éduens, appelèrent à leur aide le Germain Arioviste qui, à la tête de ses Suèves, errait de l'autre côté du Rhin, prêt à passer le fleuve. Le chef barbare répondit à cet appel et, avec son concours, les Éduens furent vaincus. Mais les Arvernes et les Séquanais payèrent cette victoire de leur indépendance. Arioviste s'établit chez ses nouveaux amis; 120,000 Suèves, qui vinrent successivement le rejoindre, traitèrent les Gaulois avec orgueil et mépris.

Éduens, Arvernes et Séquanais, oubliant leurs ressentiments et fatigués de la domination de ces barbares, résolurent d'implorer le secours de Rome. L'Éduen Divitiac fut envoyé devant le Sénat romain pour y exposer les souffrances de sa patrie et demander du secours contre les envahisseurs. Le Sénat, composé de vieillards indécis, ne promit pas un secours efficace.

Sur ces entrefaites, on apprit à Rome que les Helvètes ou Suisses, sans cesse harcelés par les Germains qui ravageaient leurs frontières, s'apprêtaient à abandonner leur patrie pour traverser la Gaule et aller s'établir sur les bords de l'Océan. Le sort de la province romaine en Gaule était menacé, et le Sénat, poussé par le consul Jules César, qui fut un des plus grands génies militaires de l'antiquité, résolut de repousser le flot des envahisseurs.

L'an de Rome 696, les Helvètes ayant quitté leur pays au nombre de 360,000, furent complétement détruits par Jules César sur la rive gauche de la Saône. Le général romain se trouva alors en face d'Arioviste auquel il proposa un accommodement; mais, le barbare ayant repoussé dédaigneusement ses offres, les deux armées en vinrent aux mains, et, après une vigoureuse résistance, les Suèves essuyèrent une défaite complète.

Les Romains furent pour la Gaule des ennemis bien plus redoutables encore que les barbares; elle perdit son indépendance, et, après neuf ans de luttes acharnées, elle fut soumise par le génie et la fortune de César à l'autorité de Rome.

Les conquérants tracèrent alors un grand nombre de routes et établirent, dans la Séquanie, plusieurs camps retranchés. Dans la Haute-Saône on en retrouve aujourd'hui les traces, consistant en murs éboulés, en fossés assez profonds, en débris d'armes, de vases et de poteries; il y en avait à Noroy-lès-Jussey, au mont Châtelard, à Mantoche, à Bourguignon-lès-Morey. César fit construire, en outre, de nombreux aqueducs, et ordonna à son lieutenant Labiénus, auquel il laissa le gouvernement de la Séquanie, de réparer les thermes de Luxeuil, qui existaient déjà depuis longtemps, et qui avaient été presque entièrement détruits. Il cherchait à se concilier l'affection des vaincus, en leur faisant sentir les bienfaits de la civilisation, et cette sage et humaine administration lui réussit plus que la cruauté et la violence.

L'an 44 avant Jésus-Christ, le vainqueur des Gaules tomba sous le poignard de Brutus. L'année suivante, Octave, neveu de Jules César, Antoine et Lépide établirent un triumvirat. Mais Octave et Antoine devinrent bientôt rivaux; le premier sortit triomphant de la lutte et fut proclamé empereur, l'an 50 avant Jésus-Christ, sous le nom d'Auguste. Il fit restaurer un certain nombre de villes qui existaient déjà dans la Séquanie et en fit bâtir de nouvelles. L'an 27 avant notre ère,

Lure.

il divisa la Gaule en quatre provinces : la Narbonnaise, l'Aquitaine, la Lyonnaise et la Belgique. A celles-ci s'ajoutèrent, quelque temps après, deux nouvelles provinces : là Germanie supérieure ou première et la Germanie inférieure ou deuxième. La Séquanie forma une contrée intermédiaire entre la Lyonnaise et la Germanie supérieure; on l'appelait quelquefois Germanie troisième, parce qu'elle renfermait quelques peuplades germaniques. A la fin du troisième siècle de l'ère chrétienne, Dioclétien fit une nouvelle division des provinces, et la Séquanie forma une province spéciale du diocèse des Gaules, sous le nom de Maxima Sequanorum. Au quatrième siècle, elle forma la cinquième province de la Lyonnaise.

Le christianisme avait pénétré dans la Séquanie vers la fin du deuxième siècle. Saint Irénée, évêque de Lyon, y avait envoyé saint Ferréol et saint Ferjeux, qui y prêchèrent la nouvelle foi; ils obtinrent, en 211, la palme du martyre.

En 413, les Burgondes, après avoir franchi le Rhin, se rendirent maîtres de la Séquanie, et leur chef, Gondicaire, fonda le royaume des Burgondes ou Bourguignons.

· En 451, le barbare Attila jeta ses hordes sur le royaume des Burgondes, mais, vaincu par Aétius et Mérovée, à la sanglante bataille de Châlons-sur-Marne, il fut obligé de se retirer; à son retour, il traversa la Séquanie pour se rendre en Italie, et pilla Luxeuil et Besançon. La forteresse de Saint-Loup, qui s'appelait alors *Grannum*, fut incendiée par ses ordres.

En 433, les Burgondes embrassèrent l'arianisme. Cette religion était ainsi nommée à cause de son fondateur, Arius, qui avait prêché la nouvelle doctrine à Alexandrie, en 312; elle combattait la Trinité et niait la divinité de Jésus-Christ.

Le roi Gondicaire mourut en 463, laissant quatre fils, entre lesquels son royaume fut partagé. L'aîné, Gondebaud, pour augmenter sa part d'héritage, assassina de sa main son frère Chilpéric, le père de Clotilde, qui fut plus tard la femme de Clovis, roi des Francs.

En 500, Clovis, qui venait d'abjurer le paganisme, excité

Gray.

par Clotilde contre Gondebaud, qui était arien, attaqua celui-ci près de Dijon, le vainquit et lui imposa un tribut.

Après la mort du roi des Francs, deux de ses fils, Thierry Ier, roi de Metz, et Clodomir, roi d'Orléans, attaquèrent Gondemar II, roi des Burgondes; mais ce prince les mit en fuite à la suite d'une sanglante bataille, où Clodomir perdit la vie. Le fruit de cette victoire ne profita guère au vainqueur. En effet, Childebert Ier, roi de Paris, et Clotaire Ier, roi de Soissons, voulant venger la mort de leur frère Clodomir, marchèrent contre les Burgondes, assiégèrent Autun et mirent en fuite Gondemar, après avoir occupé tout le pays. Ce prince fut le dernier roi de la domination bourguignonne (534). Son royaume fut partagé entre les deux princes francs et leur neveu Théodebert, fils de Thierry Ier. Le royaume des Burgondes avait duré 124 ans.

Gondebaud avait promulgué, de son vivant, la loi appelée *Gombette*, loi à la fois politique, administrative et judiciaire qui, pleine de modération à l'égard des vaincus, accordait aux Gallo-Romains les mêmes avantages qu'aux vainqueurs. Cette loi fut abrogée en 840 par Louis le Débonnaire, qui lui substitua les Capitulaires de Charlemagne.

En 558, Clotaire Ier, roi de Soissons, réunit le royaume de Bourgogne à ses possessions. Mais à sa mort, en 561, ses quatre fils se partagèrent ses États, et la Bourgogne échut à Gontran.

Saint Colomban fonda, en 590, à Luxeuil, une abbaye à laquelle fut attachée une université, et dont la réputation se répandit dans toute l'Europe. A côté de celle-ci s'éleva, quelque temps après (610), l'abbaye de Lure, qui devint aussi fort riche et fort célèbre.

Après une série de vicissitudes, qu'il serait trop long d'énumérer, la Bourgogne fut réunie, en 771, à la monarchie carlovingienne, sous le sceptre de Charlemagne.

En 843, après divers remaniements de l'empire de Charlemagne, la Franche-Comté appartint à Lothaire Ier, empereur d'Occident et roi d'Italie. A la mort de Lothaire (855) elle échut

Vesoul.

à son fils Charles, roi de Provence; mais celui-ci la céda, en 859, à son frère Louis II.

En 869, Charles le Chauve et Louis le Germanique se firent céder la Franche-Comté par Louis II. Mais, en 879, Boson, duc de Milan et beau-frère de Charles le Chauve, s'étant fait proclamer roi d'Arles et de Provence, la Franche-Comté fut aussi réunie à sa nouvelle possession.

En 930, la Franche-Comté fut cédée par Louis III l'Aveugle, fils de Boson, à Rodolphe II, qui, depuis 912, était roi de la Bourgogne transjurane.

En 937, une invasion de Hongrois désola les rives de la Saône, et la ville de Lure fut complétement détruite. Les populations, aidées de leurs seigneurs, parvinrent cependant à les repousser; et, pour éviter le retour de pareilles calamités, le pays fut couvert de châteaux-forts qui, construits d'abord dans un intérêt national, devinrent plus tard le refuge de la tyrannie et de l'oppression.

En 988, Henri le Grand, duc de Bourgogne, frère de Hugues Capet, roi de France, s'empara de Vesoul.

En 1032, la contrée fut érigée en comté et réunie à l'empire d'Allemagne, par Conrad le Salique, sous le nom de Franche-Comté, ainsi nommée parce que ses habitants étaient exempts de tout impôt permanent. Cette annexion dura jusqu'en 1316, époque à laquelle la Franche-Comté fut réunie au royaume de France, par Philippe le Long.

Les seigneurs du pays prirent une part glorieuse aux croisades de la chrétienté contre l'islamisme.

En 1289, Rodolphe de Habsbourg, empereur d'Allemagne, punit la Franche-Comté, qui méconnaissait ses droits, en s'emparant de Luxeuil qu'il livra au pillage.

Philippe le Long, deuxième fils de Philippe le Bel, avait épousé, en 1307, Jeanne de Bourgogne, héritière de la Franche-Comté. Lorsque ce prince monta sur le trône, en 1316, la Franche-Comté fut réunie à la France, pour en être séparée, en 1330, par le testament de Jeanne, et retourner au duché de Bourgogne.

En 1361, la Franche-Comté revient, par héritage, à Marguerite, fille du roi Philippe le Long et de la reine Jeanne, la plus proche héritière de Philippe de Rouvre, son petit neveu. Philippe le Hardi, duc de Bourgogne et quatrième fils de Jean le Bon, roi de France, épouse Marguerite II, fille de

Cour de l'abbaye de Luxeuil.

Louis III de Male, qui lui apporte en dot la Franche-Comté, et cette province est de nouveau réunie à la Bourgogne. Cet état de choses dure jusqu'à la mort de Charles le Téméraire, dernier duc de Bourgogne (1477).

Louis XI profite de la mort de son rival, et, dans le dessein

de s'emparer de ses états, il fait occuper la Franche-Comté par des troupes françaises.

Son successeur, Charles VIII, continue cette occupation jusqu'au traité de Senlis (1493), par lequel cette province rentre dans l'Empire jusqu'en 1504, époque à laquelle Philippe le Beau, fils de Maximilien, empereur d'Allemagne, par suite de son mariage avec Jeanne la Folle, fille de Ferdinand et d'Isabelle, devint roi d'Espagne.

Philippe le Beau meurt en 1506, laissant un fils, qui devait être plus tard Charles-Quint. L'administration de la Franche-Comté est confiée alors, par Maximilien, à sa fille Marguerite.

Charles-Quint, roi d'Espagne depuis 1516, est élu empereur d'Allemagne en 1520. Ce prince se montre plein de mansuétude à l'égard des Francs-Comtois et leur accorde de nombreuses libertés ; en 1548, il fait incorporer la Franche-Comté à l'Empire par la diète d'Augsbourg.

Charles-Quint meurt en 1558 et Philippe II lui succède comme roi d'Espagne et souverain des Pays-Bas et de la Franche-Comté.

Vers cette époque, commencèrent à éclater les guerres de religion. En 1558, un parti luthérien de 12,000 Allemands vint assiéger Vesoul, mais il en fut chassé par une inondation.

En 1569, les soldats de l'empereur d'Allemagne, qui soutenaient les luthériens, pillèrent Luxeuil, Conflans, Baudoncourt et plusieurs autres villes de la Franche-Comté. L'abbaye de Cherlieu fut complétement dévastée. En 1571, la peste ajouta ses ravages à ceux de la guerre, et, en 1586, elle fit à Vesoul un si grand nombre de victimes, que la plupart des habitants quittèrent leur ville.

En 1595, Henri IV envoya en Franche-Comté 6,000 soldats lorrains, qui s'emparèrent d'un grand nombre de villes. Mais ils en furent expulsés, quelque temps après, par 10,000 Espagnols, sous la conduite de don Fernando de Vélasco.

Henri IV, vainqueur au combat de Fontaine-Française, revint la même année en Franche-Comté, et s'empara de Be-

Château de Villersexel, après la bataille du 9 janvier 1871.

sançon. En 1596, un traité de neutralité rendit la province
aux Espagnols.

Sous le règne de Louis XIII, la Franche-Comté n'eut pas à
souffrir de la guerre pendant les premières années. Mais,
en 1635, Richelieu jeta 20,000 hommes sur la Franche-
Comté, et alors commença une guerre de destruction, qui ne
se termina qu'au traité de Westphalie, et dans laquelle les
Francs-Comtois résistèrent aux Français avec la plus vive
énergie.

Louis XIV s'empara de la Franche-Comté en 1668, et fut
obligé de la rendre à l'Espagne par le traité d'Aix-la-Chapelle
de la même année. Mais il la reprit en 1674, et la paix de
Nimègue, de 1678, incorpora définitivement cette province
au royaume de France. Depuis ce moment, la Franche-Comté
a été une de nos provinces les plus patriotiques.

En 1790, elle a formé trois départements : la Haute-Saône,
le Doubs et le Jura. Le bataillon de la Haute-Saône se distin-
gua dans les brillantes campagnes de 1792. En 1814, au
moment où l'Europe entière s'abattit sur la France, pour la
punir de ses nombreuses victoires, les enfants de la Haute-
Saône, envoyés à la défense d'Huningue, contribuèrent valeu-
reusement à la magnifique résistance qui a immortalisé cette
petite ville et ses défenseurs.

Dans la fatale campagne de 1870-71, les populations de la
Haute-Saône eurent à souffrir tous les excès auxquels se li-
vrèrent les envahisseurs. Ce département fut en partie le
théâtre des opérations de l'armée de l'Est. Le 9 janvier 1871,
l'avant-garde du corps du général Bourbaki rencontra les
avant-postes prussiens au bois d'Esprels, sur la route de
Montbozon à Villersexel, et un combat de tirailleurs s'enga-
gea. Au bout d'une heure, nos soldats enlevaient à la baïonnette les positions ennemies en avant du village d'Esprels et
occupaient le village même. Ils marchèrent alors sur Villersexel, où les Prussiens étaient retranchés dans les maisons et
le château. Notre artillerie fit taire en partie le feu terrible
dirigé sur nous de ces positions, d'où notre infanterie délogea

les ennemis à la baïonnette. Pris une fois, le château fut repris par les Prussiens. Ceux-ci en furent chassés une deuxième fois, et y mirent le feu en l'abandonnant. A ce moment, une division française vint prendre l'ennemi à revers et décida du succès de la journée.

Malheureusement, ce brillant épisode devait être suivi, quelques jours après, de la plus désastreuse des retraites.

VII

Personnages célèbres.

Seizième siècle. — RICHARDOT (JEAN), l'un des négociateurs de l'Espagne au traité de Vervins, né à Champlitte en 1540, mort à Arras en 1609. — BALIN, prêtre, poëte latin et historien, né à Vesoul en 1570, mort à Wesel au dix-septième siècle. — RENARD (SIMON), né à Vesoul, mort à Madrid en 1575. Il fut diplomate et parvint aux plus grands honneurs sous Philippe II; mais il mourut disgracié.

Dix-huitième siècle. — BILLARD (JEAN-PIERRE), médecin distingué, né à Vesoul en 1726, y mourut en janvier 1790. — RENAUDOT (CLAUDE), écrivain, né en 1750 à Vesoul, mort à Paris en 1780. — ROMÉ DE LISLE (JEAN-BAPTISTE), né à Gray en 1736, mort en 1790. Physicien et minéralogiste, il exécuta plusieurs voyages dans les Indes. Il fut le maître de l'illustre Haüy. — TOULONGEON (FRANÇOIS-EMMANUEL, vicomte DE), né à Champlitte en 1748, mort en 1812. Devenu colonel, il renonça à l'armée pour se livrer à la philosophie, et fut nommé député aux États-Généraux. — BUREAU DE PUSY (JEAN-XAVIER), né à Port-sur-Saône en 1750, mort en 1805; député de la noblesse à l'Assemblée Constituante, il en fut nommé trois fois président. Il contribua activement à la division de la France par départements, en 1790. — BEAUCHAMPS (JOSEPH), né à Vesoul en 1752, mort à Nice en 1801. Il fit plusieurs voyages astronomiques en Orient, et fut un des

astronomes attachés à l'expédition d'Égypte. — Gruyer, général, né à Saint-Germain en mars 1774, mort à Strasbourg
le 7 août 1822. — Petit (Alexis-Thérèse), né à Vesoul
en 1791, fut reçu le premier à l'École polytechnique, à l'âge
de 16 ans. Il étudia spécialement la physique et fit, avec les
illustres physiciens Arago et Dulong, de remarquables décou-
vertes sur la chaleur.

Dix-neuvième siècle. — Gérôme (Jean-Léon), peintre, mem-
bre de l'Institut, né à Vesoul, le 11 mai 1824. Élève de
Paul Delaroche, il a fait de nombreux voyages en Italie et en
Orient, et ses plus beaux tableaux ont été peints d'après des
études.

VIII

Population, langue, culte, instruction publique.

La *population* de la Haute-Saône s'élève, d'après le recensement de 1872, à 303,088 habitants (148,413 du sexe mas-
culin, 154,675 du sexe féminin). A cé point de vue, c'est le
59e département. Le chiffre des habitants divisé par celui des
hectares, donne environ 57 habitants par 100 hectares ou
par kilomètre carré; c'est ce qu'on nomme la *population spé-
cifique.* La France entière ayant 69 à 70 habitants par kilomètre carré, il en résulte que la Haute-Saône renferme, à
surface éga'e, 10 à 11 habitants de moins que l'ensemble de
notre pays.

Depuis 1801, date du premier recensement officiel, jusqu'à 1866, la Haute-Saône a gagné 26,127 habitants; mais
elle en a perdu 14,618 depuis cette époque.

Les habitants des campagnes parlent un patois dérivé du
celtique et du roman, mais dans lequel on retrouve un grand
nombre de mots tudesques et quelques expressions arabes ou
espagnoles.

Presque tous les habitants de la Haute-Saône sont catholiques. Sur les 503,088 habitants de 1872, on ne comptait que 8,682 protestants et 671 israélites.

Le nombre des naissances a été, en 1871, de 7,723; celui des *décès*, de 7,196; celui des *mariages*, de 2,262.

La *vie moyenne* est de 37 ans 10 mois.

Le *lycée* de Vesoul a compté, en 1874, 547 élèves; les *colléges communaux* de Gray, Lure et Luxeuil, 518; 2 *institutions secondaires libres*, 195; les *petits séminaires* de Luxeuil et Marnay, et le *séminaire* de Vesoul, 565; 1017 *écoles primaires*, 55,935; 60 *écoles libres*, 2,508.

Le recensement de 1872 a donné les résultats suivants :

Ne sachant ni lire ni écrire.	60,089
Sachant lire seulement.	28,436
Sachant lire et écrire..	213,031
Dont on n'a pu vérifier l'instruction. . . .	1,532
Total de la population civile. . . .	503,088

Sur 19 accusés de crimes, en 1865, on a compté :

Accusés ne sachant ni lire ni écrire.	5
— sachant lire ou écrire imparfaitement. . .	5
— sachant bien lire et bien écrire.	9
— ayant reçu une instruction supérieure à ce premier degré.	»

IX

Divisions administratives.

Le département de la Haute-Saône forme, avec le Doubs, le diocèse de Besançon; — la 4e subdivision de la 7e division militaire (Besançon) du 5e corps d'armée (Nancy). — Il ressortit à la cour d'appel de Besançon, — à l'Académie de Besançon, — à la 7e légion de gendarmerie (Besançon), — à la 5e inspection des ponts et chaussées, — à la 52e conservation des forêts (Vesoul), — à l'arrondissement minéralogique de Chaumont (division du N.-E.), — à la 6e région agricole. — Il comprend : 3 arrondissements (Vesoul, Gray, Lure), 28 cantons, 583 communes.

Chef-lieu du département : VESOUL, 7,716 h.

Chefs-lieux d'arrondissement : VESOUL; GRAY, 6,965 h.; LURE, 3,555 h.

Arrondissement de Gray (8 cant.; 165 com.; 159,063 hect.; 75,344 h.).

Canton d'Autrey (17 com.; 20,664 hect.; 8,442 h.). — Attricourt, 100 h. — Autrey, 1,096 h. — Auvet-et-la-Chapelotte, 536 h. — Bouhans-et-Feurg, 476 h. — Broye-lès-Loup et Verfontaine, 276 h. — Chargey-lès-Gray, 728 h. — Ecuelle, 250 h. — Essertenne-et-Cecey, 616 h. — Fahy-lès-Autrey, 553 h. — Lœuilley, 200 h. — Mantoche, 917 h. — Montureux-lès-Gray, 482 h. — Nantilly, 426 h. — Oyrières, 577 h. — Poyans, 376 h. — Rigny, 658 h. — Vars, 395 h.

Canton de Champlitte (17 com.; 22,118 hect.; 8,309 h.). — Argillières, 513 h. — Champlitte, 2,740 h. — Champlitte-la-Ville, 205 h. — Courte-soult, 520 h. — Fouvent-le-Bas, 325 h. — Fouvent-le-Haut, 462 h. — Frânois, 300 h. — Larret, 225 h. — Leffond, 701 h. — Margilley, 407 h. — Montarlot-lès-Champlitte, 377 h. — Mont-le-Frânois, 219 h. — Neu-velle-lès-Champlitte, 338 h. — Percey-le-Grand, 416 h. — Pierrecourt, 515 h. — Saint-Andoche-et-Trécourt, 171. — Suaucourt-et-Pisseloup, 277 h.

Canton de Dampierre-sur-Salon (31 com.; 25,936 hect.; 10,981 h.). — Achey, 202 h. — Autet, 450 h. — Brotte-lès-Ray, 182 h. — Confra-court, 630 h. — Dampierre-sur-Salon, 1,146 h. — Delain, 455 h. — De-nèvre, 162 h. — Fédry, 443 h. — Ferrières-lès-Ray, 85 h. — Fleurey-lès-Lavoncourt, 459 h. — Francourt, 243 h. — Grandecourt, 131 h. — Lavoncourt, 365 h. — Membrey, 636 h. — Montot, 292 h. — Mont-Saint-Léger, 109 h. — Nervezain, 87 h. — Ray-sur-Saône, 495 h. — Recologne-lès-Ray, 87 h. — Renancourt, 268 h. — Roche-et-Raucourt, 522 h. — Savoyeux, 450 h. — Theuley, 302 h. — Tincey-et-Pontrebeau, 288 h. — Vaîte, 373 h. — Vanne, 357 h. — Vauconcourt, 565 h. — Vereux, 415 h. — Villers-Vaudey, 247 h. — Volon, 159 h. — Vy-lès-Rupt, 336 h.

Canton de Fresne-Saint-Mamès (18 com.; 20,435 hect.; 8,013 h.). — Bâties (Les), 283 h. — Beaujeu, 1,101 h — Charentenay, 208 h. — Cu-bry-lès-Soing, 265 h. — Fresne-Saint-Mamès, 506 h. — Fretigney, 709 h. — Greucourt, 139 h. — Mercey-sur-Saône, 527 h. — Motey-sur-Saône, 94 h. — Pont-de-Planches (Le), 410 h. — Quitteur, 161 h. — Saint-Gand, 280 h. — Sainte-Reine, 149 h. — Sept-Fontaines, 226 h. — Seveux, 746 h. — Soing, 650 h. — Vellexon, 1,162 h. — Vezet, 597 h.

Canton de Gray (23 com.; 19,747 hect.; 15,694, h.). — Ancier, 328 h. — Angirey, 296 h. — Apremont, 683 h. — Arc-lès-Gray, 2,644 h. — Battrans, 233 h. — Champvans, 322 h. — Champtonnay, 190 h. — Cresancey, 302 h.

— Échevanne, 80 h. — Esmoulins, 148 h. — Germigney, 576 h. — Gray, 6,965 h. — Gray-la-Ville. 386 h. — Igny, 598 h. — Nantuard, 99 h. — Noiron, 154 h. — Onay, 113 h. — Saint-Broing, 256 h. — Saint-Loup-lès-Gray, 210 h. — Sauvigney-lès-Angirey, 222 h. — Tremblois (Le), 150 h. — Velesmes, 726 h. — Velet, 433 h.

Canton de Gy (20 com.; 20,323 hect.; 9,157 h.). — Autoreille, 462 h. — Bonnevent-et-Velloreille, 361 h. — Bucey-lès-Gy, 1.415 h. — Chapelle-Saint-Quillain (La), 351 h. — Choye, 780 h. — Citey, 192 h. — Etrelles-et-la-Montbleuse, 207 h. — Frasne-le-Château, 462 h. — Gezier, 505 h. — Gy, 2,003 h. — Montboillon. 240 h. — Mont-lès-Etrelles, 256 h. — Oiselay, 655 h. — Vantoux, 336 h. — Vaux-le-Moncelot, 204 h. — Velleclaire, 151 h. — Vellefrey, 183 h. — Vellemoz, 195 h. — Velloreille-lès-Choye, 161 h. — Villefrancon, 241 h.

Canton de Marnay (19 com.; 14,673 hect.; 6,855 h.). — Avrigney, 655 h. — Bay. 203 h. — Peaumotte-lès-Pin, 546 h. — Bonboillon, 258 h. — Brussey, 276 h. — Chambornay-lès-Pin, 178 h. — Charcenne, 661 h. — Chenevrey, 392 h. — Courcure, 246 h. — Cugney, 348 h. — Cult, 221 h. — Etuz, 230 h. — Hugier, 250 h. — Marnay, 1,114 h. — Pin-l'Emagny, 577 h. — Sornay, 587 h. — Tromarey, 225 h. — Virey, 173 h. — Vregille, 115 h.

Canton de Pesmes (20 com.; 15.167 hect.; 7,913 h.). — Arsans, 86 h. — Aubigney, 257 h. — Bard-lès-Pesmes, 581 h. — Bresilley, 189 h. — Broye-lès-Pesmes, 550 h. — Chancey, 568 h. — Chaumercenne, 323 h. — Chevigney, 164 h. — Lieucourt, 146 h. — Malans, 464 h. — Montagney, 528 h. — Montseugny, 254 h. — Motey-Besuche, 264 h. — Pesmes, 1,477 h. — Résie (La Grande-), 154 h. — Résie-Saint-Martin (La), 221 h. — Sauvigney-lès-Pesmes, 314 h. — Vadans, 560 h. — Valay, 1,086 h. — Venère, 327 h.

Arrondissement de Lure (10 cant.; 203 com.; 184,895 hect.; 129,350 h.).

Canton de Champagney (9 com.; 15,280 hect.; 15,849 h.). — Champagney, 4,292 h. — Clairegoutte, 534 h. — Echavanne, 200 h. — Errevet, 212 h. — Frahier, 1,128 h. — Frédéric-Fontaine, 384 h. — Plancher-Bas, 2,216 h. — Plancher-lès-Mines, 1,874 h. — Ronchamp, 3,009 h.

Canton de Faucogney (16 com.; 19,138 hect.; 12,023 h.). — Amage, 350 h. — Amont. 888 h. — Beulotte-Saint-Laurent, 644 h. — Bruyère (La), 382 h. — Corravillers (Le Plain de), 672 h. — Esmoulières, 954 h. — Faucogney, 1,272 h. — Fessey (Les), 337 h. — Longine (La), 760 h. — Montagne (La), 599 h. — Proiselière (La), 428 h. — Raddon, 1,132 h. — Rosière (La), 515 h. — Saint-Bresson, 1,871 h. — Sainte-Marie-en-Chanois, 370 h. — Voivre (La), 649 h.

Canton d'Héricourt (26 com.; 16,390 hect.; 12,167 h.). — Belverne, 500 h. — Brevilliers, 546 h. — Bussurel, 282 h. — Byans, 150 h. — Chagey, 867 h. — Châlonvillars, 788 h. — Champey, 717 h. — Chavanne, 325 h. — Chenebier, 627 h. — Coisevaux, 205 h. — Corcelles, 164 h. — Courmont, 449 h. — Couthenans. 259 h. — Echenans, 229 h. — Etobon,

624 h. — Gonvillars, 120 h. — Héricourt, 2,826 h. — Lomont, 800 h. — Luze, 403 h. — Mandrevillars, 129 h. — Saulnot, 694 h. — Tavey, 193 h. — Tremoins, 275 h. — Verlans, 71 h. — Villers-sur-Saulnot, 182 h. — Vyans, 186 h.

Canton de Lure (28 com.; 24,213 hect.; 17,132 h.). — Adelans, 417 h. — Amblans, 500 h. — Andornay, 125 h. — Arpenans, 482 h. — Aynans (Les), 585 h. — Bouhans-lès-Lure, 346 h. — Côte (La), 433 h. — Franchevelle, 406 h. — Froideterre, 285 h. — Frotey-lès-Lure, 385 h. — Genevreuille, 356 h. — Le Val de Gouhenans, 53 h. — Lure, 3,555 h. — Lyoffans, 403 h. — Magny-Danigon, 587 h. — Magny-Jobert, 205 h. — Magny-Vernois, 774 h. — Malboulhans, 634 h. — Moffans, 798 h. — Mollans, 631 h. — Neuvelle (La), 452 h. — Palante, 154 h. — Pomoy, 510 h. — Quers, 599 h. — Roye, 642 h. — Saint-Germain, 1,167 h. — Vouhenans, 565 h. — Vy-lès-Lure, 1,023 h.

Canton de Luxeuil (24 com ; 18,327 hect.; 15,558 h.). — Ailloncourt, 386 h. — Baudoncourt, 824 h. — Belmont, 338 h. — Breuches, 1,195 h. — Breuchotte, 557 h. — Brotte-lès-Luxeuil, 338 h. — Chapelle (La), 455 h. — Citers, 902 h. — Corbière (La), 257 h. — Dambenoît, 392 h. — Éhuns, 262 h. — Esboz-Brest, 661 h. — Froideconche, 1,048 h. — Lantenot, 398 h. — Lanterne (La), 636 h. — Linexert, 178 h. — Luxeuil, 3,908 h. — Magnivray, 439 h. — Ormoiche, 189 h. — Rignovelle, 236 h. — Sainte-Marie-en-Chaux, 218 h. — Saint-Sauveur, 1,190 h. — Saint-Valbert, 363 h. — Visoncourt, 208 h.

Canton de Melisey (12 com.; 18,637 hect.; 12,491 h.). — Belfahy, 546 h. — Belonchamp, 387 h. — Château-Lambert, 124 h. — Ecromagny, 342 h. — Fresse, 2,668 h. — Haut-du-Them (Le), 1,292 h. — Melisey, 1,940 h. — Miellin, 604 h. — Montessaux, 183 h. — Saint-Barthélemy, 1,063 h. — Servance, 2,156 h. — Ternuay, 1,186 h.

Canton de Saint-Loup (13 com.; 20,493 hect.; 16,867 h.). — Aillevillers, 2,745 h. — Ainvelle, 281 h. — Briaucourt, 594 h. — Conflans, 835 h. — Corbenay, 1,056 h. — Fleurey-lès-Saint-Loup, 178 h. — Fontaine-lès-Luxeuil, 1,459 h. — Fougerolles, 5,256 h. — Francalmont, 336 h. — Hautevelle, 421 h. — Magnoncourt, 453 h. — Saint-Loup-sur-Semouse, 2,706 h. — Vaivre (La), 547 h.

Canton de Saulx (18 com.; 12,876 hect.; 7,227 h.). — Abelcourt, 346 h. — Betoncourt-lès-Brotte, 164 h. — Bithaine, 166 h. — Châteney, 166 h. — Châtenois, 337 h. — Colombe-lès-Bithaine, 150 h. — Creuse (La), 223 h. — Creveney, 122 h. — Genevrey, 582 h. — Mailleroncourt-Charette, 760 h. — Meurcourt, 798 h. — Neurey-en-Vaux, 373 h. — Saulx, 997 h. — Servigney, 273 h. — Velleminfroy, 479 h. — Velorcey, 318 h. — Villedieu-en-Fontenette (La), 495 h. — Villers-lès-Luxeuil, 478 h.

Canton de Vauvillers (25 com.; 19,908 hect.; 10,105 h.). — Alaincourt, 193 h. — Ambiévillers, 447 h. — Anjeux, 446 h. — Bassigney, 309 h. — Betoncourt-Saint-Pancras, 218 h. — Bouligney, 746 h. — Bourguignonlès-Conflans, 274 h. — Cubry-les-Faverney, 232 h. — Cuve, 341 h. — Dampierre-les-Conflans, 807 h. — Dampvalley-Saint-Pancras, 107 h. — Fontenois-la-Ville, 662 h. — Girefontaine, 117 h. — Hurecourt, 233 h.

— Jasney, 625 h. — Mailleroncourt-Saint-Pancras, 616 h. — Melincourt, 554 h. — Montdoré. 538 h. — Pisseure (La), 99 h. — Plainemont, 105 h. — Pont-du-Bois. 646 h. — Selles, 806 h. — Vauvillers, 1,204 h.

Canton de Villersexel (34 com.; 19,633 hect.; 11,931 h). — Aillevans, 363 h. — Athesans, 642 h. — Autrey-le-Vay, 135 h. — Beveuge, 253 h. — Courchaton, 825 h. — Crevans, 306 h. — Etroitefontaine. 93 h. — Fallon, 535 h. — Faymont, 523 h. — Georfans, 188 h. — Gouhenans, 755 h. — Grammont, 246 h. — Granges-le-Bourg, 400 h. — Granges-la-Ville, 523 h. — Longevelle, 346 h. — Magny (Les), 347 h. — Marast, 188 h, — Melecey, 361 h. — Mignafans, 201 h. — Mignavillers, 591 h. — Moimay, 562 h. — Oppenans, 146 h. — Oricourt, 159 h. — Pont-sur-l'Ognon, 140 h. — Saint-Ferjeux, 112 h. — Saint-Sulpice, 259 h. — Secenans, 229 h. — Senargent, 433 h. — Vellechevreux, 437 h. — Vergenne (La), 185 h. — Villafans, 554 h. — Villargent, 188 h. — Villersexel, 1,159 h. — Villers-la-Ville, 227 h.

Arrondissement de Vesoul (10 cant.; 215 com.; 190,743 hect.; 98,349 h.).

Canton d'Amance (13 com.; 14,825 hect.; 7,968 h.). — Amance, 928 h. — Anchenoncourt-et-Chazel, 701 h. — Baulay, 582 h. — Buffignécourt, 557 h. — Contréglise, 377 h. — Faverney, 1,348 h. — Menoux, 568 h. — Montureux-lès-Baulay, 377 h. — Polaincourt, 1,004 h. — Saint-Remy, 553 h. — Saponcourt, 320 h. — Senoncourt, 560 h. — Venisey, 293 h.

Canton de Combeaufontaine (17 com.; 17,004 hect.; 7,585 h.). — Aboncourt, 279 h. — Arbecey, 757 h. — Augicourt, 472 h. — Bougey, 360 h. — Chargey-lès-Port, 532 h. — Combeaufontaine, 708 h. — Cornot, 366 h. — Fouchécourt, 263 h. — Gésincourt, 271 h. — Gevigney, 855 h. — Gourgeon, 497 h. — Lambrey, 254 h. — Melin, 263 h. — Neuvelle-lès-Scey (La), 348 h. — Oigney, 226 h. — Purgerot, 764 h. — Semmadon, 370 h.

Canton de Jussey (22 com.; 23,430 hect.; 14,714 h.). — Aisey et Richecourt, 318 h. — Barges, 418 h. — Basse-Vaivre (La), 182 h. — Betaucourt, 412 h. — Blondefontaine, 972 h. — Bourbévelle, 547 h. — Bousseraucourt, 401 h. — Cemboing, 723 h. — Cendrecourt, 686 h. — Corre, 680 h. — Demangevelle, 542 h. — Jonvelle, 712 h. — Jussey, 3,022 h. — Magny-lès-Jussey, 551 h. — Montcourt, 218 h. — Ormoy, 967 h. — Passavant, 1,540 h. — Raincourt, 527 h. — Ranzevelle, 51 h. — Tartécourt, 117 h. — Villars-le-Pautel, 910 h. — Vougécourt, 418 h.

Canton de Montbozon (30 com.; 22,646 hect.; 8,369 h.). — Aubertans, 192 h. — Authoison, 454 h. — Barre (La), 71 h. — Beaumotte-lès-Montbozon, 363 h. — Besnans, 142 h. — Bouhans-lès-Montbozon, 188 h. — Cenans, 228 h. — Chassey-lès-Montbozon, 567 h. — Cognières, 160 h. — Dampierre-lès-Montbozon, 866 h. — Echenoz-le-Sec, 389 h. — Filain, 395 h. — Fontenois-lès-Montbozon, 514 h. — Larians-et-Munans, 297 h. — Loulans, 491 h. — Magnoray (Le), 138 h. — Maussans, 74 h. — Montbozon, 755 h. — Ormenans, 144 h. — Presle, 215 h. — Roche-sur-Linotte-et-Sorans-les-Cordiers, 190 h. — Ruhans, 109 h. — Thieffrans, 343 h. —

Thiénans, 145 h. — Trevey, 105 h. — Vellefaux, 431 h. — Verchamp, 102 h. — Villedieu-lès-Quenoche (La), 39 h. — Villers-Pater, 120 h. — Vy-lès-Filain, 162 h.

Canton de Noroy-le-Bourg (16 com.; 16,675 hect.; 7,052 h.). — Autrey-lès-Cerre, 295 h. — Borey, 664 h. — Calmoutier, 687 h. — Cerre-lès-Noroy, 388 h. — Colombe-lès-Vesoul, 306 h. — Colombotte, 172 h. — Dampvalley-lès-Colombe, 191 h. — Demie (La), 187 h. — Esprels, 896 h. — Liévans, 246 h. — Montjustin, 328 h — Neurey-lès-La-Demie, 361 h. — Noroy-le-Bourg, 1,078 h. — Vallerois-le-Bois-et-Baslières, 683 h. — Vallerois-Lorioz, 179 h. — Villers-le-Sec, 386 h.

Canton de Port-sur-Saône (17 com.; 16,117 hect.; 8,227 h.). — Amoncourt, 260 h. — Auxon, 508 h. — Bougnon, 447 h. — Breurey-lès-Faverney, 1,111 h. — Chaux-lès-Port, 277 h. — Conflandey, 340 h. — Equevilley, 403 h. — Flagy, 309 h. — Fleurey-lès-Faverney, 495 h. — Grattery, 266 h. — Mersuay, 539 h. — Port-sur-Saône, 1,782 h. — Provenchère, 415 h. — Scye, 196 h. — Val-Saint-Eloy (Le), 341 h. — Vauchoux, 210 h. — Villers-sur-Port, 328 h.

Canton de Rioz (29 com.; 23,432 hect.; 8,581 h.). — Aulx-lès-Cromary, 113 h. — Boulot, 308 h. — Boult, 721 h. — Bussières, 461 h. — Buthiers, 263 h. — Chamboruay-lès-Bellevaux, 240 h. — Chaux-la-Lotière, 304 h. — Cirey, 401 h. — Cromary, 357 h. — Eguilley, 78 h. — Fondremand, 415 h. — Fontenis (Les), 89 h. — Hauterive, 214 h. — Hyet, 183 h. — Maizières, 415 h. — Malachère (La), 199 h. — Montarlot-lès-Rioz, 291 h. — Neuvelle-lès-Cromary, 269 h. — Pennesières-et-Courboux, 262 h. — Perrouse-et-Villers-le-Temple, 119 h. — Quenoche, 184 h. — Recologne-lès-Fondremand, 196 h. — Rioz, Anthon et Dournon, 972 h. — Sorans-lès-Breurey, 335 h. — Traitiéfontaine, 181 h. — Tresilley, 243 h. — Vandelans, 130 h. — Villers-Bouton, 133 h. — Voray, 508 h.

Canton de Scey-sur-Saône (25 com.; 21,884 hect.; 9,861 h.). — Aroz, 295 h. — Baignes, 203 h. — Boursières, 80 h. — Bourguignon-lès-La Cnarité, 199 h. — Bucey-lès-Traves, 138 h. — Chantes, 298 h. — Chassey-lès-Scey, 145 h. — Chemilly, 103 h. — Clans, 252 h. — Ferrières-lès-Scey, 233 h. — Grandvelle-et-Le Pernot, 486 h. — Lieffrans, 134 h. — Mailley-et-Chazelot, 841 h. — Neuvelle-lès-La-Charité, 558. — Noidans-le-Ferroux, 768 h. — Ovanches, 348 h. — Pontcey, 295 h. — Raze, 448 h. — Rosey, 538 h. — Rupt, 443 h. — Scey-sur-Saône, 1,725 h. — Traves, 607 h. — Velleguindry-et-Levrecey, 254 h. — Velle-le-Châtel, 168 h. — Vy-le-Ferroux, 322 h.

Canton de Vesoul (24 com.; 16,837 hect.; 17,250 h.). — Andelarre, 128 h. — Andelarrot, 174 h. — Chariez, 559 h. — Charmoille, 228 h. — Colombier, 736 h. — Comberjon, 228 h. — Coulevon, 192 h. — Echenoz-la-Meline, 977 h. — Frotey-lès-Vesoul, 503 h. — Montcey, 360 h. — Mont-le-Vernois, 574 h. — Montigny-lès-Vesoul, 334 h. — Navenne, 913 h. — Noidans-lès-Vesoul, 559 h. — Pusey, 573 h. — Pusy, 464 h. — Quincey, 437 h. — Vaivre-et-Montoille, 650 h. — Varogne, 242 h. — Vellefrie, 296 h. — Vesoul, 7,716 h. — Villeneuve (La), 343 h. — Villeparois, 154 h. — Vilory, 130 h.

Canton de Vitrey (22 com.; 17,895 hect.; 8,787 h.). — Betoncourt-lès-Ménétriers, 254 h. — Betoncourt-sur-Mance, 269 h. — Bourguignon-lès-Morey, 368 h. — Charmes-Saint-Valbert, 219 h. — Chauvirey-le-Châtel, 438 h. — Chauvirey-le-Vieil, 176 h. — Cintrey, 325 h. — Lavigney, 575 h. — Malvillers. 234 h. — Molay, 300 h. — Montigny-lès-Cherlieu, 711 h. — Morey, 749 h. — Noroy-lès-Jussey, 389 h. — Ouge, 614 h. — Preigney, 540 h. — Quarte (La), 207 h. — Rochelle (La), 129 h. — Rosières-sur-Mance, 392 h. — Saint-Julien-lès-Morey, 246 h. — Saint-Marcel, 348 h. — Vernois-sur-Mance, 574 h. — Vitrey, 952 h.

X

Agriculture.

Sur les 553,992 hectares du département, on compte, en nombres ronds :

	hectares.
Terres labourables.	254,600
Prés.	60,500
Vignes.	13,700
Bois.	152,800
Landes.	21,500

Le reste se partage entre les farineux, les cultures potagères, maraîchères et industrielles, les étangs, les villes, bourgs, villages, fermes, les surfaces prises par les routes, les chemins de fer, les cimetières, etc.

En nombres ronds, on compte, dans le département : 18,500 chevaux, ânes et mulets; 166,500 bœufs, de race fémeline; 96,500 moutons, 60,000 porcs, 9,000 chèvres et plus de 19,000 chiens.

La principale culture est celle des **céréales**, dont la production dépasse un million d'hectolitres. Viennent ensuite, par ordre d'étendue, l'avoine, les pommes de terre, le méteil, l'orge, le seigle, la vigne, les plantes oléagineuses, le maïs, le sarrasin, le tabac, la betterave et le millet. Les *vins* sont généralement médiocres ; les meilleurs crus sont Chariez, Gy, Ray, Vaivre, celui de Navenne, dont la population se livre aussi, sur une grande échelle, à la culture maraîchère, et ali-

mente, en grande partie, de *légumes* la ville de Vesoul. Les
plantations de *tabac* se rencontrent dans l'arrondissement de
Vesoul. Les belles *prairies naturelles* qui bordent le cours de
la Saône, l'Ognon,.la Mance, la Superbe et le Drugeon, fournissent d'excellents fourrages, mais sont mal irriguées. Les
prairies artificielles sont peu répandues. En somme, la Haute-
Saône est un pays très-productif; malheureusement, les pro-
cédés de culture sont encore arriérés, et les habitants des campagnes persistent généralement dans leur esprit de routine, en
refusant les nouvelles méthodes agricoles et les instruments
perfectionnés. L'assolement triennal avec jachère, qui laisse,
chaque année, une certaine étendue de terrains improductifs,
est en usage dans la plus grande partie du département. L'a-
mendement des terres avec la marne et la cendre n'est pratiqué
que dans quelques cantons.

Le département est couvert, pour plus du quart de sa surface, surtout au nord-est, sur les pentes des Vosges (sapins),
de **bois** de hêtres, de chênes, de charmes et de trembles. Les
arbres fruitiers sont nombreux, et dans les communes de la
Haute-Saône qui sont voisines de l'Alsace et des Vosges, existent de vastes plantations de *cerisiers*, dont le fruit sert à
une grande fabrication. d'excellent kirsch. — La *ferme-école*
de Saint-Remy est entourée d'un parc de 128 hectares.

XI

Industrie.

Les produits minéraux de la Haute-Saône sont abondants
et variés. Il faut placer au premier rang ses riches **mines
de fer**, qui fournissent trois sortes de minerai : le minerai
en grains, le minerai en roche et le minerai miliaire. Le premier s'exploite à Aroz, Autrey, Bouhans, Chantes, la Chapelle-Saint-Quillain, Clans, Échevanne, Écuelle, aux Éguil-
lottés (commune d'Auvet), à Grandvelle, Montseugny, Montureux-lès-Gray, Raze, Renaucourt, Rigny, aux Sept-Fontaines

à Traves, Vars et Velesmes. Le minerai de fer en roche est extrait à Conflans, Fleurey-lès-Faverney, Jussey, Oppenans, Oricourt, Pisseloup-lès-Suaucourt et Vellefaux. Le minerai de fer miliaire n'est exploité qu'à Percey-le-Grand. Les seules concessions pour le fer en roche comprennent 1,999 hectares, sans compter les concessions de Saulnot, Servance et Ville-moutier, provisoirement abandonnées. L'exploitation de toutes ces mines occupe environ 550 ouvriers, et leur rendement annuel dépasse onze cent mille quintaux métriques.

Le territoire de Passavant renferme des gisements de *cui-vre* et d'*argent;* ceux de Plancher-les-Mines ont été exploités au seizième siècle et au commencement du dix-septième, mais ne le sont plus aujourd'hui. — L'Ognon roule des paillettes d'*or.* — Des traces de *plomb* et de *manganèse* se rencontrent aussi sur le territoire.

Les mines de **sel gemme** de Gouhenans et de Melcey (1,168 hectares) sont exploitées par dissolution, au moyen de plusieurs trous de sonde par lesquels est extraite l'eau qu'on a fait parvenir sur les couches salifères. L'eau est ensuite évaporée dans de vastes chaudières en tôle. Elles occupent une cinquantaine d'ouvriers, et produisent, chaque année, environ 110,000 quintaux métriques de sel. La mine des Époisses est inexploitée. — Les concessions pour l'extraction de la **houille** sont réparties sur les communes de Corcelles, Ronchamp et Champagney, Éboulet, Melecey, Gouhenans et Mourière. La production annuelle des mines de houille et de lignite dépasse 2 millions de quintaux métriques, et le nombre des ouvriers employés s'élève à 1,950 environ. Les mines de Gémonval, Athesans, Vy-lès-Lure et Corcelles ne sont pas utilisées. — 54 *tourbières*, occupant 160 à 170 ouvriers, fournissent près de 55,000 quintaux de combustible.

Outre ces mines, le département possède un nombre considérable de **carrières** de marbres, porphyre vert, porphyre violet, granit, granit rouge, granit feuille morte, schistes argileux, argiles, grès rouge, grès vosgien, grès bigarré, calcaire coquillier, marnes irisées, pierres lithograpgiques, pierres à bâtir, à chaux et à plâtre : l'exploitation porte principalement sur ces trois derniers minéraux. La *pierre à bâtir* s'extrait notamment à Barges, à Savoyeux, à Seveux, Dampierre-sur-Salon ; la *pierre à chaux*, à Cirey, Neuvelle-lès-Champlitte, Oiselay, Pennesières, Quenoche, au Rúpt de Vellemoz, à Scey-sur-Saône, Vallerois-le-Bois : une centaine de *fours à chaux* sont répartis sur le territoire. Dix communes exploitent des carrières de *plâtre :* ce sont Breurey-lès-Faverney, Brotte-lès-Luxeuil, Genevreuille, Luze, Magny-d'Anigon, Meurcourt, Neurey-en-Vaux, Vellechevreux, Vernois-sur-Mance et Vouhenans. La pierre à plâtre est calcinée dans 26 fours et broyée dans 20 moulins, situés à Luze, Meurcourt, Neurey-en-Vaux, Villedieu-en-Fontenette, Arc-lès-Gray, etc. Mais l'établissement le plus important qui doit son existence à l'exploitation des carrières, dans le département, est la *scierie de Servance* (25 ouvriers), sur l'Ognon, pour les granits et les porphyres. C'est de là que sont sortis le piédestal en porphyre vert qui supporte le sarcophage de Napoléon aux Invalides, et les 20 colonnes de granit rouge qui décorent le Nouvel Opéra à Paris. 5 autres *marbreries* sont aussi en activité.

Aux richesses du sous-sol que possède la Haute-Saône, il faut ajouter ses **sources minérales,** dont les plus connues sont celles de Luxeuil. Les sources thermales de *Luxeuil* sourdent à travers les fissures que présentent les couches supérieures du grès vosgien au-dessus desquelles s'élève un établissement monumental. Elles se divisent en deux groupes principaux : les sources ferro-manganifères carbonatées, au nombre de trois : la source du puits romain, la source du Temple et la source Labiénus ; et les sources salines, au nombre de treize : sources des Bénédictins, du bain des Dames, du bain des Fleurs, du bain Gradué, des Cuvettes et des Capucins. On compte, en outre, quatre sources secondaires : les sources des Yeux, des Abeilles, Savonneuse et Eugénie, d'une nature thérapeutique moins marquée. La température de ces eaux varie entre 19°,6 et 27°,9 pour les sources ferrugineuses, 35° et 51°,5 pour les sources salines. Ces eaux, très-fréquentées, sont salutaires dans un grand nombre de maladies. — Parmi les autres sources minérales du département, il faut citer : les trois sources sulfurées calciques de *Neuvelle-lès-la-Charité*; la source chlorurée sodique d'*Équevilley*; la source sulfatée calcique de *Velleminfroy* (24°; 52 litres par minute), employée contre la gravelle, les catarrhes de la vessie et les affections chroniques du foie; la source sulfatée sodique de *Corre*; la

Établissement thermal de Luxeuil, d'après un dessin de M. N. Blanchard.

source sulfureuse d'*Étuz* (1 litre par minute); la source ferrugineuse de Vesoul, utilisée dans un établissement, rue Georges-Genoux; et la source ferrugineuse de *Fédry*. — De plus, Saulnot et Scey-sur-Saône possèdent des *sources salées*.

Dans la Haute-Saône, comme dans toute la Franche-Comté, l'industrie métallurgique est très-répandue; on y compte 47 **usines à fer** (forges, hauts-fourneaux, fonderies, tréfileries). Une des plus importantes est la forge de *Seveux*, avec haut-fourneau produisant annuellement 150,000 kilogrammes

de fonte brute et 240,000 kilogrammes de fers fins très-esti-
més. L'usine de *Loulans-les-Forges*, sur la Linotte, consiste
en un haut-fourneau pourvu de deux machines hydrauliques
et d'un moulin à vapeur; elle coule en sableries et en mou-
lages, et exploite, à cet effet, un gisement d'argile sablon-
neuse. Le fourneau du *Crochot*, près de Mont-le-Franois, livre
annuellement au commerce 10,000 à 12,000 quintaux métriques de fonte brute et de fonte moulée. A 3 kilomètres au
sud-ouest de Fontaine-lès-Luxeuil, se trouve l'importante forge
du *Beuchot*, d'où sortirent, dit-on, les premiers boulets de
canon, ce qui ferait remonter la fondation de cette usine à la
première moitié du quinzième siècle. Beaujeux, Champagney,
Dampierre-sur-Salon, Vellexon, Larians, Saint-Loup-sur-
Semouse, etc., ont aussi des usines à fer. Les *tréfileries* du département ont ensemble 646 bobines. — On compte, en outre,
dans la Haute-Saône : 4 fonderies de cuivre, 5 ateliers de construction de machines (Gray, etc.), une manufacture de fer-
blanc, 42 clouteries et épingleries, 32 ateliers de taillanderies,
20 ateliers d'ajustage, 4 fabriques de limes (notamment à
Gray), 2 fabriques de scies et de ressorts, 3 fabriques de vis
et boulons, 4 fabriques de quincaillerie, 4 chaîneries, une fa-
brique d'horlogerie, 8 fabriques de carrés et de clefs de mon-
tres et 2 fabriques de pièces détachées pour filatures.

La Haute-Saône possède quatre **verreries** assez importantes. Celles de la Rochère (commune de Passavant) ne fabriquent que de la gobeleterie et occupent ensemble plus de
300 ouvriers. Les deux verreries (105 ouvriers) pour le verre
à vitre sont celles de Malbouhans et de Saulnaire, dans la
même commune. Les deux *faïenceries* de Rioz (faïences artistiques) et de Clairefontaine (commune de Polaincourt) emploient 140 à 150 ouvriers. Les *poteries*, au nombre de 14,
ne sont pas considérables, car le total des ouvriers qui y tra-
vaillent ne dépasse pas 80. Enfin, une centaine de *tuileries* ou
briqueteries sont répandues sur le territoire, où l'on trouve
aussi 2 fabriques de *tuyaux de drainage*.

Parmi les **papeteries**, il faut citer celle de Savoyeux,

établissement considérable, possédant une remarquable installation de machines, occupant 250 ouvriers et produisant annuellement 700,000 kilogrammes de papier de qualités diverses, destiné principalement à l'exportation ; les papeteries de Montbozon, de Plancher-Bas, Breuchotte et Froideconche.

La Haute-Saône doit au voisinage de l'Alsace l'existence de 21 **filatures** de laine ou de coton, situées à Quers, Citers, Froideconche, Raddon, etc. Des *tissages de coton* existent à Breuche, Champagney, Plancher-Bas, etc. ; une soixantaine de fabriques de *droguets* ou de *calicots*, 20 *fouleries* et 17 *bonneteries* sont disséminées dans le département. Le tissage et la fabrication des *chapeaux de paille* emploient aussi, dans 36 établissements (Noidans-le-Ferroux, Saint-Loup-sur-Semouse, etc.), un assez grand nombre de bras.

La fabrication du **kirsch** forme une branche importante de l'industrie vosgienne, et l'on sait que tout le nord-est du département de la Haute-Saône est occupé par la chaîne des Vosges. Une trentaine de **distilleries** (à Fougerolles, Saint-Loup-sur-Semouse, Froideconche, Annegray et les environs, Faucogney, etc.), alimentées par de vastes vergers de cerisiers, y produisent un kirsch renommé exporté dans toute la France. — Des trois *sucreries*, la plus importante est celle de Vellexon, produisant 100,000 à 200,000 kilogrammes de sucre par an ; vient ensuite celle de Beaujeu.

Enfin, le département de la Haute-Saône compte : une cinquantaine de *tanneries* (Dampierre-sur-Salon, Port-sur-Saône, Saint-Loup-sur-Semouse, Gray, etc.), chamoiseries ou mégisseries ; près de 80 *teintureries* (Gray, Dampierre-sur-Salon ; Montbozon, où se fabriquent aussi des massepains et biscuits renommés ; Port-sur-Saône, etc.) ; 47 *scieries* mécaniques ; 50 fabriques de métiers ; 10 boisselleries ; 5 fabriques de *produits chimiques* (Gouhenans, etc.), 7 féculeries, 23 brasseries, des vanneries, des corderies, des fabriques de meules à aiguiser, et environ 840 moulins à huile, à tan ou à blé, dont le plus important est le *moulin Tramoy*, à Gray (24 paires de meules).

XII

Commerce, chemins de fer, routes.

La Haute-Saône *importe* principalement des articles de modes et de librairie, des meubles, des denrées coloniales, de l'épicerie, des vins du Midi, etc., de la houille provenant de Sarrebruck et des bassins français du Creuzot et Blanzy (Saône-et-Loire), de la Loire, et de Gémonval (Doubs). Gray est la ville la plus commerçante du département; c'est le point de transit et d'entrepôt des échanges commerciaux entre l'Alsace et la Lorraine, d'une part, et le sud-est de la France, d'autre part. Malgré la concurrence des chemins de fer, les transports par eau, que dessert le port de Gray, y sont l'objet d'un mouvement évalué, au minimum, à 200,000 tonnes par an.

Le département *exporte :* environ 325,000 hectolitres de blé, d'une valeur de 6 millions de francs; 4,600 bœufs, des chevaux, des farines, de la fonte et du fer forgé, des vins, des fourrages, des bois de construction, du merrain, des planches de sapin, du beurre des montagnes de Servance, des fromages, des cuirs, du papier, du plâtre; des poteries, expédiées dans le Doubs, le Jura et les Vosges; du kirsch, de la boissellerie, des meules de grès, de la verrerie, etc.

Le département est traversé par 8 chemins de fer, d'un développement total de 300 kilomètres.

1° Le chemin de fer *de Paris à Mulhouse* entre dans la Haute-Saône à 1 kilomètre au delà de la station de la Ferté-Bourbonne (Haute-Marne). Il dessert Vitrey, Jussey, Montureux-lès-Baulay, Port-d'Atelier, Port-sur-Saône, Vaivre, Vesoul, Colombier, Creveney, Genevreuille, Lure, Ronchamp, Champagney et entre, 6 kil. plus loin, sur le territoire de Belfort. Parcours, 105 kilomètres.

2° L'embranchement *de Chalindrey à Gray* (28 kilomètres) quitte la Haute-Marne pour la Haute-Saône à 4 kilomètres environ au delà de Maatz. Il a pour stations, dans le département, Champlitte, Oyrières et Gray.

5° La ligne *de Nancy à Vesoul* passe du département des Vosges dans celui de la Haute-Saône à 6 kilomètres environ après la station de Bains. Elle dessert Aillevillers-Plombières, Saint-Loup-Luxeuil, Conflans-Varigney et Faverney, avant de se raccorder, à Port-d'Atelier, avec la ligne de Vesoul. Parcours dans le département, 58 kilomètres.

4° Le chemin de fer *de Vesoul à Gray* (58 kilomètres) a pour stations : Vaivre, Mont-le-Vernois, Noidans-le-Ferroux, Fresne-Saint-Mamès, Vellexon, Seveux, Autet, Vereux-Beaujeu et Gray.

5° Le chemin de fer *d'Auxonne à Gray* passe du département de la Côte-d'Or dans celui de la Haute-Saône à 4 kilomètres en deçà de Mantoche, la seule station qu'il y dessert avec Gray, sur un trajet de 8 kilomètres.

6° L'embranchement *de Gray à Labarre* passe à Champvans-lès-Gray, Valay et Montagney, puis entre, 3 kilomètres plus loin, en franchissant l'Ognon, dans le Doubs, après un parcours de 25 kilomètres dans la Haute-Saône.

7° Le chemin de fer *de Vesoul à Besançon* dessert Villers-le-Sec, Vallerois-le-Bois, Dampierre, Montbozon et Loulans-les-Forges; puis traverse, 2 kilomètres plus loin, la rivière de l'Ognon, pour entrer dans le Doubs. Parcours, 51 kil.

8° Le chemin de fer *de Besançon à Belfort* traverse, sur une longueur de 7 kilomètres environ, l'extrémité sud-est du département, où il n'a qu'une station, Héricourt.

Les voies de communication comptent 5,529 kilomètres :

8 chemins de fer				500 kil.
6 routes nationales				500 1/2
18 routes départementales				465
2316 chemins vicinaux.	30 de grande communication		678 1/2	
	36 de moyenne communication		454 1/2	4,400
	2250 de petite communication		3,287 1/2	
1 rivière navigable				65

XIII

Villes, bourgs, villages et hameaux curieux.

Aboncourt, canton de Combeaufontaine. ⟫→ Curieuse maison de 1668; deux bas-reliefs représentant saint Antoine et saint Hubert.

Aisey, canton de Jussey. ⟫→ Ruines du château de Richecourt (xiiie siècle).

Amance, chef-lieu de canton.

Amoncourt, canton de Port-sur-Saône. ⟫→ Ruines d'un château.

Anchenoncourt, canton d'Amance. ⟫→ Dans la sacristie de l'église, belle sculpture du xve siècle.

Aroz, canton de Scey-sur-Saône. ⟫→ Menhir percé.

Athesans, canton de Villersexel. ⟫→ Dans l'église, cloche de 1499.

Autrey, chef-lieu de canton. ⟫→ Église du xiie siècle.

Barges, canton de Jussey. ⟫→ Dans l'église, bénitier sculpté.

Bassigney, canton de Vauvillers. ⟫→ Église de 1776; chapiteaux curieux d'une église plus ancienne.

Beaujeu, canton de Fresne-Saint-Mamès. ⟫→ Retranchements présumés gaulois. — Tombelles. — Tour à six étages, haute de 20 mètres, reste d'un manoir des comtes de Beaujeu. — Beau château moderne. — Remarquable église de la fin du xiie siècle; tour à créneaux; beau vitrail de la fin du xve siècle, restauré en 1860.

Beaumotte-lès-Pin, canton de Marnay. ⟫→ Belle grotte à stalactites.

Bellevaux, V. Circy.

Belonchamp, canton de Melisey. ⟫→ Vestiges d'un château, sur un monticule artificiel. — Croix sculptée de 1519.

Besnans, canton de Montbozon. ⟫→ Église en partie du xie siècle.

Bougey, canton de Combeaufontaine. ⟫→ Château des xve et xviie siècles, flanqué d'un donjon crénelé et entouré de fossés.

Bouhans-lès-Lure, canton de Lure. ⟫→ Curieuse église romane, portant la date de 957 et bien conservée.

Bourguignon-lès-Conflans, canton de Vauvillers. ⟫→ Château des xve et xvie siècles. — Église gothique des xiiie et xvie siècles.

Bourguignon-lès-Morey, canton de Vitrey. ⟫→ Restes d'un ancien camp. — Pierre-qui-Vire, monument mégalithique.

Broing (Saint-), canton de Gray. ⟫→ Bâtiments et cloître bien conservés d'une ancienne abbaye.

Brotte-lès-Luxeuil, canton de Luxeuil. ⟫→ Sur le devant de l'autel de l'église, ancienne sculpture représentant le Christ au milieu des Apôtres. — Ruines d'un château. — Source remarquable.

Broye-lès-Pesmes, canton de Pesmes. ⟫→ Restes d'un aqueduc rotnain. — Plusieurs savants, entre autres M. Amédée Thierry, pensent que c'est sur l'emplacement de Broye qu'était située la ville gauloise d'Amagetobria.

Bucey-lès-Gy, canton de Gy. ⟫→ Belle source de la Morthe.

Calmoutier, canton de Noroy. ⟫→ Grotte à stalactites, appelée l'Église de Combe-l'Épine. — Gouffres de Perfonds-de-Vaux, de Chaudrotte et de Fonçory, où se perdent des ruisseaux. — Source de Veuvey.

Cemboing, canton de Jussey. ⟫→ Église moderne; remarquables peintures.

Châlonvillars, canton d'Héricourt. ⟫→ Curieuse croix de pierre avec Christ, portant la date de 1111 (?).

Chambornay-lès-Bellevaux, canton de Rioz. ⟫→ Ruines de deux châteaux.

Champagney, chef-lieu de canton. ⟫→ Dans l'église, tableau sur bois de 1514.

Champey, canton d'Héricourt. ⟫→

La Pierre-qui-Tourne, monument présumé druidique ou mégalithique.

Champlitte, chef-lieu de canton. »»—› Restes des anciens remparts (1538). — Vieux clocher haut de 80 mètres et terminé par un dôme.

Champlitte - la - Ville, canton de Champlitte. »»—› Église en partie du XIIᵉ siècle ; belle cuve baptismale.

Champtonnay, canton de Gray. »»—› Église du XIIIᵉ siècle.

Charcenne, canton de Marnay. »»—› Église ruinée du XIᵉ siècle.

Chariez, canton de Vesoul. »»—›Dans l'église, bon tableau de Gérôme. — Camp celtique.

Charité (La), V. Neuvelle-lès-la-Charité.

Châtenois, canton de Saulx. »»—› Deux sources singulières, appelées le Trou la Fontaine de Vaugérard ; la première est intermittente, la seconde est jaillissante et son volume d'eau suffirait à faire tourner un moulin.

Chaumercenne, canton de Pesmes. »»—› Dans l'église, belles pierres tombales des XVᵉ et XVIᵉ siècles.

Chauvirey - le - Châtel, canton de Vitrey. »»—› Château-Dessous, partie du XVIᵉ siècle ; belle chapelle gothique, du XVIᵉ siècle, avec clochetons, gargouilles et clefs de voûte sculptées ; dans le retable, bas-relief du XVᵉ siècle représentant la légende de saint Hubert ; cornet de chasse du moyen-âge, richement émaillé. — Ruines du Château-Dessus. — Dans l'église, belles pierres tombales des XVᵉ et XVIᵉ siècles.

Cherlieu, V. Montigny - lès - Cherlieu.

Cirey, canton de Rioz. »»—› Maison de correction, établie dans les anciens bâtiments de l'abbaye de Bellevaux. — Dans l'église, belles stalles provenant de la même abbaye ; retable et chaire remarquable.

Colombier, canton de Vesoul. »»—› Ruines du château de Montaigu dont quelques pans de murailles s'élèvent encore à 20 mètres de hauteur. — Ruines du château de la Roche.

Combeau - fontaine, chef-lieu de canton.

Conflandey, canton de Port-sur - Saône. »»—› Tours et ruines d'un château.

Conflans, canton de Saint-Loup. »»—› Vieille tour, reste des remparts.

Coulevon, canton de Vesoul. »»—› Grotte.

Courtesoult, canton de Champlitte. »»—› Restes d'un château.

Cult, canton de Marnay. »»—› Église du XIIIᵉ siècle. — Deux tours carrées, restes d'un manoir.

Monument élevé à Lure aux soldats français morts dans la guerre de 1870-71.

Dampierre-sur-Salon, chef-lieu de canton.

Dampvalley-lès-Colombe, canton de Noroy. »»→ La Pierre-qui-Vire, monument mégalithique.

Échenoz-la-Méline, canton de Vesoul. »»→ Tour de la Roche, grotte. — Autre grotte, dite le Trou de la Baume, composée de quatre chambres et où ont été trouvés de nombreux fossiles.

Écuelle, canton d'Autrey. »»→ Restes d'un fossé circulaire, creusé pour un château féodal.

Éhuns, canton de Luxeuil. »»→ Plateau appelé camp de César, avec des restes de retranchements.

Esmoulières, canton de Faucogney. »»→ Cascade du Brigandoux.

Espreis, canton de Noroy. »»→ Belle fontaine de Saint-Desle.

Faucogney, chef-lieu de canton. »»→ Restes de fortifications; deux tours. — Débris d'un château.

Faverney, canton d'Armance. »»→ Église (monument historique [1]) des XIIIᵉ et XVᵉ siècles, ancienne dépendance d'une abbaye dont il reste quelques bâtiments; tour carrée formant porche; trois nefs de sept travées, transept et abside flanquée de deux chapelles rectangulaires. Belles pierres tombales des XIVᵉ, XVᵉ et XVIᵉ siècles.

Filain, canton de Montbozon. »»→ Fontaine remarquable.

Fondremand, canton de Rioz »»→ Église des XIIᵉ et XIIIᵉ siècles, parfaitement conservée.

Fougerolles, canton de Saint-Loup. »»→ Croix sculptée de 1212. — Pierre de la Taraude, monument mégalithique, haut de 10 mètres.

Fouvent-le-Bas, canton de Champlitte. »»→ Restes d'un ancien camp — Trois grottes, dont l'une est remarquable.

Fouvent-le-Haut, canton de Champlitte. »»→ Menhir, au hameau de Pierre-Percée.

Frédéric-Fontaine, canton de Champagney. »»→ Roc dit des Sarrazins, bloc de pierre de 8 mètres de longueur, soutenu par un pilier et formant une espèce de plafond.

Fresne-Saint-Mamès, chef-lieu de canton. »»→ Église en partie du XIIIᵉ siècle. — Trois énormes tilleuls, datant, dit-on, de 1540.

Fresse, canton de Melisey. »»→ Belle chaire sculptée provenant de l'abbaye de Lucelle (Haut-Rhin).

Fretigney, canton de Fresne-Saint-Mamès. »»→ Grotte à stalactites dont une salle atteint 20 mètres de hauteur.

Froideterre, canton de Lure. »»→ Ancienne croix sculptée, sur la place.

Goubenans, canton de Villersexel. »»→ Restes de remparts.

Grammont, canton de Villersexel. »»→ Restes d'un château, sur la colline appelée Motte de Grammont, d'où l'on jouit d'une vue magnifique.

Grandecourt, canton de Dampierre-sur-Salon. »»→ Église du XIIᵉ siècle, parfaitement conservée; sculptures remarquables; ancienne cloche servant de bénitier.

Gray, chef-lieu d'arrondissement, sur la Saône. »»→ Église ogivale et de la Renaissance, commencée en 1482; le portail, d'une belle exécution, n'a été achevé qu'en 1865; bons tableaux; beau Christ sculpté par Forget. — Restes du cloître ogival de l'église des Cordeliers. — Hôtel de ville, construction de la Renaissance espagnole (1568); façade décorée de belles colonnes en granit rouge et des statues de François Devosge et de Romé de l'Isle (XVIIIᵉ siècle). — Chapelle de l'hôtel-Dieu, ornée de fresques. — Tour à créneaux et à mâchicoulis, reste d'un château. — Beau pont de 14 arches, du XVIIIᵉ siècle.

Gy, chef-lieu de canton. »»→ Château de diverses époques, jolie tourelle gothique renfermant l'escalier.

Haut-du-Them (Le), canton de Me-

---

[1] On appelle *monuments historiques* les édifices reconnus officiellement comme présentant de l'intérêt au point de vue de l'histoire de l'art, et susceptibles, pour cette raison, d'être subventionnés par l'État.

lisey. ⟶ Pierre tournante, monument mégalithique.

Hautevelle, canton de Saint-Loup-sur-Semouse. ⟶ Église en partie des XIIᵉ et XVᵉ siècles. — Croix de pierre sculptée, du XVIᵉ siècle.

Héricourt, chef-lieu de canton. ⟶ Tour d'Espagne, reste du château. — Maisons anciennes. — Église; nef romane; chœur ogival de 1527, malheureusement mutilé; cloche de 1516, pesant mille kilogrammes. — Héricourt a été, les 15, 16 et 17 janvier 1871, le théâtre d'une lutte acharnée où le général Bourbaki chercha vainement à déloger le général allemand Werder des positions où il s'était retranché pour empêcher la délivrance de Belfort.

Jasney, canton de Vauvillers. ⟶ Château servant de mairie. — Dans l'église, beau tabernacle en bois sculpté. — Porte féodale.

Jonvelle, canton de Jussey. ⟶ Deux portes, restes des vieux remparts. — Ruines d'un château. — Église des XIᵉ, XIIIᵉ et XVIᵉ siècles; porche élégant, bâti, dit-on, en 1252, restauré de nos jours; deux peintures sur bois du XVIᵉ siècle. — Beau pont du XVIIᵉ siècle.

Jussey, chef-lieu de canton.

Lambrey, canton de Combeaufontaine. ⟶ Château ruiné. — Dans l'église, belle pierre tombale de 1217, avec inscription en français.

Larret, canton de Champlitte. ⟶ Croix sculptée, en pierre, de 1610.

Lavoncourt, canton de Dampierre-sur-Salon. ⟶ Château flanqué de tours et percé de meurtrières. — Restes d'un autre château. — Dans l'église, tableau sur bois de 1504.

Loup-lès-Gray (Saint-), canton de Gray. ⟶ Tour et chapelle, restes d'un château.

Loup-sur-Semouse (Saint-), chef-lieu de canton.

Lure, chef-lieu d'arrondissement. ⟶ Sous-préfecture et habitations particulières établies dans les bâtiments d'une abbaye reconstruits de 1770 à 1789, en partie par Kléber quand il était encore architecte. — Font de Lure, rivière que grossissent de belles sources.

— A 2 kilomètres de la ville, au pied d'un rocher, remarquable fontaine aux Chartrons. — Dans le cimetière, beau monument en forme de colonne élevé à la mémoire des soldats français morts pendant la guerre de 1870-1871.

Luxeuil, chef-lieu de canton, la ville la plus intéressante du département; station thermale, sur le Breuchin. ⟶ Bel établissement thermal, construit en 1768, sur l'emplacement des bains romains de *Lixovium*. Un aqueduc antique, long de 80 mètres (monument historique), conduit au dehors de cet établissement les eaux étrangères aux sources thermales. — D'autres antiquités romaines ont été trouvées à Luxeuil, notamment un bel autel dédié à Apollon et à Sirona, et une inscription mentionnant la restauration des thermes par Labiénus, sur l'ordre de César. — L'*église Saint-Pierre* (monument historique) date de 1328 à 1340 et son clocher de 1527; on y remarque de belles stalles sculptées (XVIIᵉ siècle) et un buffet d'orgues surchargé d'ornements (XVIIIᵉ siècle). — Il reste quelques débris (monument historique du XVᵉ siècle) du *cloître* de l'abbaye que fonda (590) et où résida saint Colomban, et qui fut sous les Mérovingiens un des plus illustres monastères des Gaules. La *maison abbatiale* sert aujourd'hui de presbytère, de mairie et de salle de concert; c'est aussi dans les bâtiments monastiques qu'est installé le *petit séminaire*, remarquable par sa façade monumentale. — L'ancien *hôtel de ville* (monument historique), appelé la Maison-Carrée, très-bien conservé à l'extérieur, fut bâti au commencement du XVᵉ siècle par le père du cardinal Jouffroy (*V. Biographie*), ainsi que la tour située en face. Il est surmonté d'un élégant pavillon, que flanque une jolie tourelle. Une *bibliothèque* et un *musée* y ont été installés. Au-dessus de chaque fenêtre de la tour, qui renferme un escalier de 146 marches, est sculpté un des mots de la *Salutation angélique*. — Une *maison* du XIVᵉ siècle (1373), place de Baille, est flanquée d'une tour crénelée. — Un *hôtel* du temps de François Iᵉʳ est classé parmi les monuments

historiques. — D'autres *maisons*, du xvi°
siècle, présentent aussi de l'intérêt. —
Fontaine d'Apollon, à 2 kilomètres de
la ville.

Magny-lès-Jussey, canton de
Jussey. ⟫⟶ Dans l'église, chaire et
retable sculptés provenant de l'abbaye
de Cherlieu.

Mailley, canton de Scey-sur-Saône.
⟫⟶ Deux tours avec courtines, restes
d'un château féodal.

Maizières, canton de Rioz. ⟫⟶
Tour ruinée d'Allenjoye, haute de 25
mètres, reste d'un château fort. —
Église en partie du xiii° siècle.

Marie-en-Chaux (Sainte-), canton

Ancien hôtel de ville de Luxeuil.

de Luxeuil. ⟫⟶ Ruines d'un château
gothique.

Marnay, chef-lieu de canton. ⟫⟶
Ruines des murailles de la ville. —
Vieux château féodal; gracieux cabinet
de la Renaissance, dit de la Princesse.
— Dans l'église, des, xii°, xiii° et xv° siècles, vieux tableau de l'école d'Holbein
et statues du xvii° siècle.

Melisey, chef-lieu de canton. ⟫⟶
Belle église moderne de style gothique ;
le chœur et le clocher romans de l'ancienne église ont été conservés.

Membrey, canton de Dampierre-
sur-Salon. ⟫⟶ Restes d'un vaste édifice
gallo-romain. — Ruines d'un château
féodal.

Menoux, canton d'Amance. ⟫⟶

Dans l'église, chaire et retable remarquablement sculptés.

Mercey - sur - Saône, canton de Fresne-Saint-Mamès. ⟫⟶ Trois tombelles dans le bois du Vernois.

Montagney, canton de Pesmes. ⟫⟶ Tour féodale du xve siècle, bien conservée. — Dans l'église, nombreuses pierres tombales dont la plus ancienne remonte 1349.

Montarlot-lès-Champlitte, canton de Champlitte. ⟫⟶ Dans le bois de Lausiane, camp présumé romain. — Tombelles.

Montbozon, chef-lieu de canton. ⟫⟶ Beau château du xviie siècle. —

Hôtel de ville de Luxeuil, d'après un dessin de M. X. Blanchard (1875).

Ponts assez remarquables du xviiie siècle, sur les deux bras de l'Ognon.

Mondoré, canton de Vauvillers. ⟫⟶ Jolie église du xve siècle.

Montigny-lès-Cherlieu, canton de Vitrey. ⟫⟶ Ruines (xiie et xve siècles) de l'abbaye cistercienne de Cherlieu, fondée en 1127 (monument historique).

Montigny-lès-Vesoul, canton de Vesoul. ⟫⟶ Église et bâtiments d'une ancienne abbaye de religieuses; pierre tombale du xive siècle.—Curieuse croix sculptée (1622), dressée sur un puits. -—Château ruiné.

Montjustin, canton de Noroy. ⟫⟶ Ruines d'un château.

Mont-lès-Estrelles, canton de Gy. ⟫⟶ Belle église construite en 1726;

peintures exécutées par des artistes italiens au xviii° siècle.

Montot, canton de Dampierre-sur-Salon. **»»→** Ruines considérables d'un château féodal. — Donjon bien conservé, reste d'un autre château. — Dans l'église, six belles statues.

Montseugny, canton de Pesmes. **»»→** Ancien château des chevaliers de Malte, converti en mairie. — Sur le portail de l'église, curieuse sculpture du xii° siècle (le Christ, les Apôtres et les symboles des quatre Évangélistes).

Montureux-lès-Gray, canton d'Au-

Ermitage de Saint-Valbert.

trey. **»»→** Tour ronde, reste de la maison forte du Clos. — Belle croix gothique, près de l'église.

Morey, canton de Vitrey. **»»→** Dans l'église, beau bénitier du xviii° siècle.

Neurey-lès-la-Demie, canton de Noroy. **»»→** Ancien château converti en dépôt de mendicité.

Neuvelle-lès-Cromary, canton de

Rioz. **»»→** Retranchements présumés romains.

Neuvelle-lès-la-Charité, canton de Scey. **»»→** Ancienne vigie fortifiée, entourée de fossés. — Restes du monastère de la Charité, convertis en maison de campagne; collection de tableaux de maîtres.

Noroy-le-Bourg, chef-lieu de canton.

Oigney, canton de Combeaufontaine. ⟫⟶ Débris romains. — Dans l'église, belles boiseries et tabernacle richement sculpté.

Oiselay, canton de Gy. ⟫⟶ Belle croix de pierre, devant l'église.

Ouge, canton de Vitrey. ⟫⟶ Curieuse croix sculptée du XVIe siècle.

Pesmes, chef-lieu de canton, bâti en amphithéâtre sur l'Ognon. ⟫⟶ *Château* ruiné. — Pans de murs, deux portes, fossés, restes de fortifications. — *Église* remarquable : chapelle du XIIe siècle; nef et collatéraux du XIVe siècle; chœur de 1524; beau tableau de l'école espagnole; triptyque (*Ensevelissement du Christ*) dû à Prévost, élève de Raphaël; chapelle Renaissance en marbre noir et rouge dite de Résie, ornée de statues d'un fini remarquable. — Ancien palais de la justice seigneuriale. — Beau pont sur l'Ognon. — Abondante fontaine de Theuriot. — Débris romains.

Polaincourt, canton d'Amance. ⟫⟶ Bâtiments claustraux (XVIIIe siècle) de l'ancienne abbaye de Clairfontaine.

Pont-sur-l'O.non, canton de Villersexel. ⟫⟶ Château du XVIIe siècle.

Port-sur-Saône, chef-lieu de canton.

⟫⟶ Pont du XVIIIe siècle, sur la Saône. — Dans l'église, fonts baptismaux sculptés du XVe ou du XVIe siècle.

Poyans, canton d'Autrey. ⟫⟶ Curieuse croix sculptée de 1603.

Quers, canton de Lure. ⟫⟶ Ancien château converti en mairie.

Quincey, canton de Vesoul. ⟫⟶ Curieuse source de Frais-Puits. — Fontaine encore plus curieuse de Champdamoy, dont l'eau est en tout temps si abondante qu'elle fait tourner immédiatement un moulin à cinq meules.

Raddon, canton de Faucogney. ⟫⟶ Pierre du Moine, monument druidique (?), haute de 2 mètres. — Autre pierre, de 3 mètres de hauteur, présentant la forme grossière de deux personnages.

Remy (St-), canton d'Amance. ⟫⟶ Beau château du XVIIIe siècle, converti en ferme - école, avec annexes pour une école industrielle. — Curieuse maison du XVe siècle.

Rioz, chef-lieu de canton. ⟫⟶ Belle source de Noire-Font.

Rochelle (La), canton de Vitrey. ⟫⟶ Château de 1703, entouré de fossés.

Ronchamp, canton de Champagney. ⟫⟶ Belle église moderne.

Monument élevé à Vesoul aux soldats français morts dans la guerre de 1870-71, d'après un dessin de M. V. Jeanneney (1875).

Rosey, canton de Scey-sur-Saône. ➻➻→ Croix sculptée de 1620.

Rupt, canton de S ey-sur-Saône ➻➻→ Curieuse source. — Sur la hauteur, belle tour ronde, haute de 35 mètres, ancien donjon d'un château-fort.

Saulx, chef-lieu de canton.

Savoyeux, canton de Dampierre. ➻➻→ Deux tombelles. — Dans l'église, deux belles pierres tumulaires des xvᵉ et xviᵉ siècles.

Scey-sur-Saône, chef-lieu de canton. ➻➻→ Belle croix de 1607.

Seveux, canton de Fresne-Saint-Mamès, l'antique *Segobodium*. ➻➻→ Dans l'église, remarquable pierre tombale d'Othon de la Roche, sire de Ray, qui conquit en 1205 les duchés d'Athènes et de Thèbes, en Grèce et y régna vingt ans.

Sorans-lès-Breurey, canton de Rioz. ➻➻→ Château du xviiᵉ siècle, à côté des restes d'un château féodal.

Sornay, canton de Marnay. ➻➻→ Pierre qui Butte, monument druidique (?), haute de 5 mètres large de 4ᵐ,80.

Valay, canton de Pesmes. ➻➻→ Sur la place, statues en bronze de M. et Mᵐᵉ de Valay, bienfaiteurs du village.

Valbert (**Saint-**), canton de Luxeuil. ➻➻→ Jolie église moderne; cloche de 1565. — Ermitage où vécut saint Valbert; grotte ornée de la statue grossière du saint et de quelques sculptures; sous un énorme bloc de grès, fontaine renommée pour la fraîcheur de son eau; terrasse garnie de beaux arbres; vallon agreste; vue étendue.

Vallerois-le-Bois, canton de Noroy. ➻➻→ Château du xviᵉ siècle.

Val-Saint-Éloi (**Le**), canton de Port-sur-Saône. ➻➻→ Dans l'église, curieux fonts baptismaux du xiiiᵉ siècle (1225).

Varogne, canton de Vesoul. ➻➻→ Chemin dit des Sarrazins, voie romaine —Source remarquable de Font-de-Voyo.

Vars, canton d'Autrey. ➻➻→ Deux camps, dont l'un est présumé romain.

Vauvillers, chef-lieu de canton. ➻➻→ Château bâti au xviiiᵉ siècle par le maréchal de Clermont-Tonnerre

et servant aujourd'hui d'hôtel de ville.

Vellefaux, canton de Montbozon. ➻➻→ Édifice attribué aux Templiers.

Vesoul, chef-lieu du département. ➻➻→ Église Saint-Georges, bâtie de 1732 à 1745; beau maître-autel de 1785; Saint-Sépulcre remarquable. — Tous les monuments civils de Vesoul datent des xviiiᵉ et xixᵉ siècles. — Beau jardin public de la Société d'arboriculture, au-dessus du lycée. — Bibliothèque de 20,000 volumes. — Beau monument élevé à la mémoire des gardes-mobiles tués au siège de Belfort, en 1870 et 1871. — De la montagne de la Motte (432 mètres d'altitude), au N. de la ville, on découvre un territoire immense, terminé à l'E. par la ligne du Jura et l'extrémité méridionale des Vosges. Au sommet a été élevée une chapelle avec statue de la Vierge, monument de reconnaissance des habitants de Vesoul, que le choléra épargna en 1854.

Villedieu-en-Fontenette, canton de Saulx. ➻➻→ Ancien château.

Villersexel, chef-lieu de canton. — Le 9 janvier 1871, le général Bourbaki attaqua avec succès, à Villersexel, les troupes allemandes et les délogea de leurs positions, après dix heures de lutte; le château fut incendié.

Villers-le-Sec, canton de Noroy. ➻➻→ Chapelle d'un ancien hôpital (xiiiᵉ siècle). — Vieux château.

Villers-lès-Luxeuil, canton de Saulx. ➻➻→ Dans l'église, belle cuve baptismale de 1541.—Restes d'un camp présumé romain.

Villers-sur-Port, canton de Port-sur-Saône. ➻➻→ Sur la façade d'une maison curieuse, sculpture du xvᵉ siècle (1459) représentant la Trinité.

Vitrey, chef-lieu de canton. ➻➻→ Église en partie du xivᵉ siècle. — Château du xviᵉ siècle.

Voray, canton de Rioz. ➻➻→ Beau pont de 1765, sur l'Ognon. — Église d 1770; tabernacle finement sculpté; tableau de Melchior Wirch (1780).

Vouhenans, canton de Lure. ➻➻→ Belle croix du xviᵉ siècle.

PARIS. — IMP. SIMON RAÇON ET COMP., RUE D'ERFURTH, 1.

HAUTE-SAONE

Montigny le roi

Bourbonne
les Bains

Varennes
St Sauveur

LANGRES

Chalindrey

Longeau

Fayl-Billot

La Ferté sur Amance

Jussey

Combeaufontaine

VESOUL

Champlitte

Dampierre

Frontière Française

Aubigny

Mirebeau

GRAY

Pontailler

Autrey

Fresne

Marnay

Pesmes

Brevilles

Audeux

BESANÇON

Monthureux
sur Saône

Plombières

REMIREMONT

Bains en Vosges

Giromagny

BELFORT

Héricourt

MONTBÉLIARD

Audincourt

L'Isle sur Doubs

Rougemont

Clerval

Marchaux

BAUME-les-Dames

Libraire de L. Hachette et Cie, Paris.

SIGNES CONVENTIONNELS

CHEF-LIEU DE DÉP.t
CHEF-LIEU D'ARRONDISSEMENT
Chef-lieu de Canton
Commune
Ville fortifiée
Route Nationale
Route Départementale

Chemin Vicinal
Chemin de fer exploité
—   —   en projet
Canal
Limite de Département
id.   d'Arrondissement
id.   de Canton

Échelle Métrique (25kilom.)

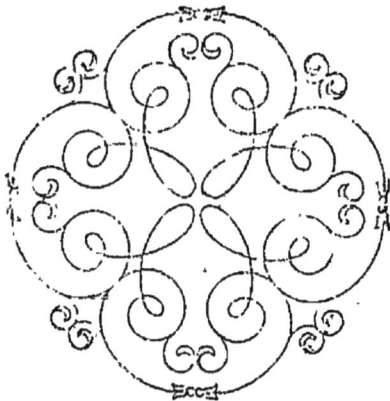

PARIS. — IMP. SIMON RAÇON ET COMP., RUE D'ERFURTH, 1.

www.ingramcontent.com/pod-product-compliance
Lightning Source LLC
LaVergne TN
LVHW022117080426

835511LV00007B/879